ローカーボン
グロウス

Low-carbon
Growth

三橋規宏　編著

ローカーボン グロウス

目次

CONTENTS

まえがき……006

三橋規宏　千葉商科大学名誉教授（前ＪＣＣＣＡ運営委員会議長）

PART1　かわる――25%削減の温暖化対策の意味とは……010

第1章　低炭素社会にどのような道筋で変わるのか……012

西岡秀三　独立行政法人国立環境研究所　特別客員研究員

●はじめに――世界の趨勢は低炭素社会へ　●低炭素社会とは何か
●なぜ低炭素社会に変わらなければならないか　●低炭素社会への転換は可能か
●低炭素社会へ転換すれば何が変わるか
●中期目標とロードマップ――どのような道筋で変わろうとしているのか
●おわりに――豊かな国づくりの「最後のチャンス」

第2章　グリーン・リカバリー――低炭素社会へ向けた新成長戦略……057

三橋規宏　千葉商科大学名誉教授（前ＪＣＣＣＡ運営委員会議長）

●石油文明崩壊に伴う構造不況　●ハイカーボン グロウスとブラウン・リカバリー
●デカップリング経済への道　●グリーン・リカバリーのための新成長戦略

n Growth

rbon Growth　Low-carbon Growth　Low-carbon Growth　Low-carbon Growth　Low-carbon Growt

PART2 かえる――25%削減の温暖化防止行動に向けた取り組みとは……086

第1章 フードマイレージへの取り組み……088
藤田和芳 大地を守る会会長（元JCCCA運営委員）
●アスパラガス1本で、クールビズ7日分 ●食べものたちの遥かなる旅の果て
●「ポコ」を貯めて「エコ」

第2章 温暖化防止を〝自分事〟として意識・行動に結びつけるために……097
枝廣淳子 環境ジャーナリスト
●問題点――意識と行動の乖離 ●温暖化防止の「行動」を広げるためには
●コミュニケーションを考える軸

第3章 知恵を身につけ、考え、議論し、行動する力を育てよう……107
藤村コノヱ NPO法人環境文明21共同代表
●環境教育とは ●2050年のリーダーを作るための環境教育の3つのポイント

第4章 パナソニックの環境経営……118
宮井真千子 パナソニック株式会社環境本部副本部長
●パナソニックの会社概要 ●環境経営の基本の考え ●創業100周年のビジョン

第5章 地球温暖化防止に向けた国民運動「連合エコライフ21」……126
杉山豊治 日本労働組合総連合会（連合）社会政策局長
●4%と50% ●連合の環境政策の基本理念

第6章　CO_2大幅削減を実現するヒートポンプ技術の動向……134

佐々木正信　財団法人ヒートポンプ・蓄熱センター　業務部課長

●ヒートポンプ技術　●ヒートポンプの冷媒　●ヒートポンプの導入効果
●ヒートポンプの普及推移および導入事例　●再生可能エネルギーとヒートポンプ技術

第7章　家庭用温暖化防止対策の切り札、エネファーム……146

里見知英　燃料電池実用化推進協議会（ＦＣＣＪ）企画第2部長

●「エネファーム」の一般販売始まる　●コージェネレーションと燃料電池
●エネファームのシステムと導入効果　●エネファームの今後の展望と課題

第8章　暮らし方・住宅づくりでの地球温暖化防止……156

濱　惠介　エコ住宅研究家　大阪ガス株式会社エネルギー・文化研究所　顧問

●地球温暖化と市民・生活者の責任　●家庭用エネルギーの基礎知識
●暮らし方で省エネとCO_2排出削減　●住宅の省エネ化とエコ住宅づくり　●太陽エネルギーの活用
●生活の質を高めるエコ住宅・エコライフ

第9章　天然ガストラックの導入で地球温暖化防止……168

日山欣也　佐川急便株式会社本社　東京本部総務部環境推進課長

●即断即決が可能な環境専門委員会を設置　●天然ガストラック、大量導入へ
●天然ガストラックの導入は、環境保全対策の1つ

第10章　水とエネルギーの持続可能な利用の実現に向けて……179

n Growth

bon Growth　Low-carbon Growth　Low-carbon Growth　Low-carbon Growth　Low-carbon Growth

山村尊房　ＮＰＯ法人日本水フォーラム参与（元ＪＣＣＣＡ事務局長）
●生活用水の供給のためのエネルギー消費　●生活用水の利用を通じたエネルギー消費
●生活用水とエネルギーの持続可能な関係に向けて

PART3 つながる——25%削減の温暖化防止に向けた連携とは……192

第1章 シンポジウム再録——温暖化防止に向けた連携とは……194
司会：西岡秀三　パネリスト：枝廣淳子、藤村コノヱ、宮井真千子、杉山豊治

第2章 温暖化防止への取り組みと「一村一品運動」……219
藤田和芳　大地を守る会会長（元ＪＣＣＣＡ運営委員）
●地球を次の世代にどのようなものとして引き渡すのか
●一村一品運動——「ストップ温暖化の甲子園」

第3章 世界に発信する「ストップ温暖化一村一品運動」の取り組み……229
長谷川公一　東北大学大学院文学研究科教授　一般社団法人　地球温暖化防止全国ネット理事長
財団法人みやぎ・環境とくらし・ネットワーク（ＭＥＬＯＮ）理事長
●コペンハーゲンからの発信　●「ストップ温暖化一村一品運動」とは
●全国大会の豊かな内実　●「希望の港」はどこに

あとがき……246
山村尊房　ＮＰＯ法人日本水フォーラム（元ＪＣＣＣＡ事務局長）

別記：「ＪＣＣＣＡ事業の今後に向けて」……252

Low-carb

Low-carbon Growth Low-carbon Growth Low-carbon Growth Low-carbon Growth Low-carbon G

まえがき

ローカーボン グロウスが日本を元気にする

今、世界は100年に一度あるかないかの混沌とした激動の渦の中に巻き込まれています。混沌から抜け出すためには、これまで常識としてきた価値観、世界観、政治や経済の仕組みやあり方、社会の営みなどを思い切って転換させなければなりません。これまで慣れ親しんできた社会の考え方や秩序、制度を変えるためには勇気が必要です。

なぜ、今、変化が求められているのでしょうか。それは、地球が無限な存在ではないからです。これまで私たちは地球が無限であるかのように扱い、酷使してきました。しかし地球は有限な存在です。使い過ぎればいろいろな不都合が起こってきます。有害物質を自然の浄化能力を超えて自然界に排出し続ければ、地球環境や生態系は急速に悪化し、破壊されてしまいます。地球資源を過剰に際限なく使い続ければ、やがて減少し、枯渇してしまいます。

破局を避けるためには、有限な地球と折り合える持続可能な社会、低炭素社会への移行を急がなければなりません。

危機回避のキーワードは、「ローカーボン　グロウス」（低炭素型成長）です。イギリスの産業革命以降、今日まで約２５０年間、世界の経済発展は「ハイカーボン　グロウス」（高炭素型成長＝化石燃料依存型成長）に支えられてきました。しかし、ハイカーボン　グロウスは、地球の限界に突き当たって破綻しました。これからはそれに代わって、ローカーボン　グロウスへの転換が求められています。ローカーボン　グロウスは、化石燃料の消費を削減させながら、２％程度の持続的で安定した経済成長を可能にします。ローカーボン　グロウスは、ゼロ成長ないしマイナス成長路線で社会を停滞させるとの批判がありますが、とんだ誤解です。低炭素を基調とした質の高い成長と安定した社会を生み出す新しいタイプの成長路線です。

本書は、草の根型で地球温暖化防止活動に取り組んできた「全国地球温暖化防止活動推進センター（ＪＣＣＣＡ）」の設立10周年記念のシンポジウム「25％削減に向けた新しい温暖化防止活動」を基にしています。

２００９年9月に自民党に代わった民主党政権は、温暖化対策として、「20年までに温室効果ガスの排出量を90年比で25％削減する」という野心的な目標を掲げました。前自民党政権の「90年比８％削減」と比べると、その違いが際立ちます。「90年比８％削減」は現状維持が前提になっています。具体的には、エネルギー多消費型産業構造、消費行動は大幅に変えない、化石燃料依存型のエネルギー構成比も大きく変更しない、環境税およびCO_2の排出量取引制度は導入しないなどが前提になっていました。しかし現状維持を前提にした「90年比8％削減」は、企業の対策コストを増やし、企業経営を圧迫してしまいます。温暖化対策は企業にとって迷惑な事柄、できるなら積極的に対応したくないという現状維持の考え方が前提になっているように思います。

一方、民主党政権の「90年比25％削減」は、現状を大きく転換させなくては、とても達成不可能な数値、目標です。エネルギー多消費型の産業構造やライフスタイルを思い切って転換させる、それを促すために環境税やCO_2排出量取引制度、さらに新エネルギーの固定価格買取制度などを積極的に導入し、現状を大胆に変えることが前提です。

既存の社会や経済活動の枠組みや秩序、制度を大胆に変更するわけですから、一時的に混乱が起こるかもしれません。だがその混乱は、日本が持続可能な社会に移行するために避けて通れない道、新しい社会の枠組みや秩序をつくるために必要な混乱なのです。それどころか、その混乱を克服するための様々な努力が、新エネルギーや省エネルギー技術、リサイクル技術などの分野でブレークスルー（現状打破）を伴うイノベーション（技術革新）を引き起こし、新しいビジネスを誕生・群生させ、日本を元気にする原動力につながります。混乱に見えるものは、実は混乱ではなく、新時代を作り出すための調整の場であり、試練の場として受け止める必要があります。

「かわる」「かえる」「つなげる」で低炭素社会を目指す

２００８年のリーマン・ショックで始まった深刻な世界同時不況は、20世紀の繁栄を支えた石油文明の崩壊を伴う構造不況です。構造不況の原因を徹底的に取り除かなければ世界経済の安定した回復は難しいでしょう。とくに石油文明の恩恵を思う存分心享受してきた日米欧などの先進工業国は、この課題に積極的に取り組まなければ活路が開けません。

本書は、このような問題意識に立って、20年に温室効果ガスを25％削減させ、50年に80％削減させるための道筋を具体的に提案し、そのための処方箋を3部構成で描いています。

第1部の「かわる」では、25％削減のための具体的なロードマップを提示し、それを実現させるための処方箋を大胆に提案しました。第2部「かえる」では、25％削減へ向けて企業やＮＧＯなどの具体的な取り組みのケーススタディ、3部「つながる」では、日本列島の各地で始まった温暖化防止への様々な主体の取り組み、とくに全国ベースで展開された「一村一品運動」の実例などを紹介しています。

読者の皆さんは、本書から様々なアイディアを引き出し、それらをさらに発展させ、沈滞気味の日本をもう一度元気にするきっかけとして利用していただければ、望外の幸せです。

２０１１年1月

三橋規宏
千葉商科大学名誉教授（前ＪＣＣＣＡ運営委員会議長）

か

PART 1

第1章　低炭素社会にどのような道筋で変わるのか

西岡秀三　国立環境研究所　特別客員研究員

第2章　グリーン・リカバリー
——低炭素社会へ向けた新成長戦略

三橋規宏　千葉商科大学名誉教授

25%削減の温暖化対策の意味とは

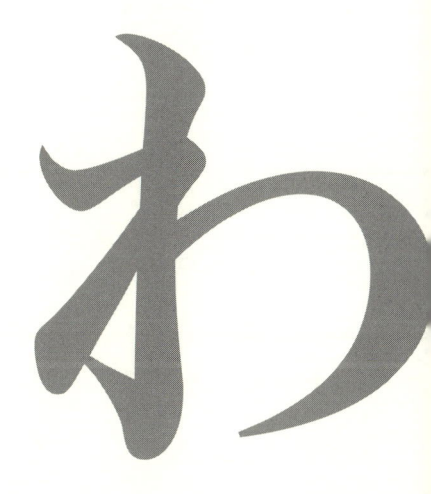

第1章 低炭素社会にどのような道筋で変わるのか

はじめに――世界の趨勢は低炭素社会へ

低炭素社会への変化が求められています。これは気候安定化のためには何としてもやらねばならない転換です。科学的根拠に基づき、国際協力の中で、次世代のために行う変革であるだけでなく、これから始まる低炭素世界で日本が生き抜いていくためにも必要な変革です。そしてこの転換は、これまで当たり前であったエネルギー多消費型の生産・生活を一変させるという21世紀人類の大きな挑戦でもあります。

低炭素社会に変わるには、まずそうしなければならない理由を国民が理解し、変革の目標を共有し、そこに確実に到達するための見通しを立て、実現に向かって粛々と歩を進めなければなりません。低炭素社会に向けて力強く踏み出す強い意思と積極的な行動が必要です。

変化には必ず摩擦が生じます。産業構造変化や雇用移動、そして低炭素技術とインフラへの新たな投資などです。困難を乗り越えて進むには、国民の意思を統一する政治の意思が明確に示されなければなりません。世界はすでに低炭素社会・低炭素経済に向けて走り出しており、もう残り時間は少ないのです。

本稿では、低炭素社会とは何か、なぜ低炭素社会に変わらなければならないのか、変革は可能か、何が変わるのか、そしてどのような道筋で変わろうとしているのか、について述べることにします。

低炭素社会とは何か

「低炭素社会」という概念は、後述する国立環境研究所、京都大学の「日本低炭素社会シナリオ研究」が英国との共同研究（２００６―２００８年）で行った論議から生まれたものです。先行する英国等の「低炭素経済」概念に対して、気候変動への対応は経済的側面からだけでなく、個人の行動や社会基盤など「社会」全般にわたる幅広い転換によってなされるとの理念から生まれた言葉です。ちなみに、この共同研究では、「低炭素社会」を、

・持続可能発展と軌を一にした理念のもとで、みんなが、社会のすべてのグループの発展が必要とするものを確保する行動をとる社会
・気候変化が起こす危険を回避できるレベルに大気中の温室効果ガス濃度を安定化するため、みんなが、その大幅削減を目指す世界の努力に等しく貢献する社会
・高いエネルギー効率を実現し、低炭素なエネルギー源と製造技術の利用を進める社会

・温室効果ガス排出を低いレベルに留めることのできる消費・行動パターンを取り入れる社会であると結論づけています。

「低炭素社会」という言葉の響きから、さぞかし窮屈で縮こまった生き方しかできない社会だろうと想像する人が多いようです。確かに、これまで野放図にモノやエネルギーを使って便利な生活をしてきたところに、人間・生物生存の最大基盤というべき気候が世界的におかしくなってきたので、その防御対策として、省エネや化石燃料利用削減という制限がかぶさったことは事実でしょう。だからといって、これまでのやり方・生き方を続けていたのでは何も変わらず、そのまま気候変化の影響が増大して行き、これまでの生活はどうしても続けられないことになります。誰かが何かをしなければならない、そして変えていくというその努力が新しい社会の価値を作る、ということを右の定義は示しています。

低炭素社会だけが人間の究極の目標ではありません。それぞれの時代の人類が幸福に生きられる社会を継続することが究極の目標であり、気候安定化はそのための必要条件なのです。ですから右記の第一に、持続可能社会が上位の目標であることを述べています。そのためには、飢餓、貧困、安全、格差等々を拡大する要因となる目前に迫った気候変化問題にまずは立ち向かうべきなのです。

すでに世界が、気候変化防止に気候変動枠組み条約などで動き始めたことで、気候だけでなく地球規模の公共財管理をどう各国協力のもとで行うかに関する論考は大きく進みました。また、気候変化への適応対策やその温室効果ガス（ＧＨＧ）抑制対策を飢餓や貧困拡大防止の一環として考えていくことで、気候対策は持続可能な発展政策の実質的な先頭走者としての役割を果たしつつあります。

産業革命によって人間は大きな発展を遂げました。産業革命は蒸気機関に代表されるように化石エネルギーを爆発的に使って便利さを作り上げた時代なのです。しかし低炭素社会は、まったくこれと１８０度方向を替えて、エネルギーを減らして便利さを得る社会です。いわば、産業革命をリセットしての新時代が始まったといえます。

しかし、はっきりした方向付けと道筋の提示のもとで、技術をさらに高め、社会の仕組みを変えていけば、無理なく到達できる活力ある未来なのです。これまでのようなモノやエネルギーをたくさん消費する幸福は制約を受けるかもしれません。ＧＤＰ（国内総生産）で表わした経済成長は止まるかもしれません。新しい価値観を人々が作り出し、自然をゆっくり享受し、知的楽しみに時間を過ごす世界に転換するかもしれません。１５０年前に、ジョン・スチュアート・ミルは「資本と人口のゼロ成長状態は、人間進歩の停滞を意味するものでないことは言をまたない。そこには、従来と同様、あらゆる種類の知的文化と道徳的ならびに社会的進歩の可能性が開けていよう。また、人々の心が、ともかく先へ進むことばかりにとらわれることがないようになれば、生活の内実をよくする余地も十分にあり、それがさらに改良される見込みはいっそう強まる」と予言しているのです。

なぜ低炭素社会に変わらなければならないか

低炭素社会に変わらなければならない理由は3つあります。

第1は、このまま温室効果ガスを出し続けると地球の気候が変化を起こし、これまで人類が当たり前のように享受していた水・食料といった人類の生存基盤に大きな影響を与えるからです。これは科学の結果が示すことです。

第2は、気候という地球共有資源の危険を回避するために、世界の国が合議して各国に温室効果ガスの削減を求めていることです。日本も相当の削減努力をなさねばなりません。

第3に、低炭素社会を目指す世界的変革の中で新たな政治経済のレジーム（体制）ができつつあるとき、日本だけが何もしないでいたのでは国際的な競争においていかれるでしょう。とくに技術競争は熾烈となってきて、技術だけでなく社会・経済の変革も必至です。日本も自分たちの低炭素社会を構築する経験の中で、新たな変革の道を先導していかなければなりません。

○科学の警告

2007年に出された「気候変動に関する政府間パネル（ＩＰＣＣ）」第4次報告書は、気候変化が進行中であり、その影響が世界各地の物理・生態系に見られること、その原因は人為的温室効果ガス排出にあることはほぼ確かで、このままの排出を続けると今世紀中に平均温度が４℃程度上昇し、あらゆるセクター・地域に甚大な影響を及ぼす危険な状況へ入る、地上平均気温が２―３℃上昇すると世界中でだれも得をしない状況になる、と警告しました。

また、気候はすでに変化しつつあり、その変化が起こしている環境変化に人類が適応することを考えなければならなくなってきています。しかし、いつまでも適応していくことは難しく、気候を安定化させるため10―20年内をピークに温室効果ガスを抑制することが必要ですが、それはほとんど既存の技術で可能です。その費用は世界ＧＤＰの１―５％程度かかる、と結論づけています。

気候安定化のための基本スキーム（仕組み）を**図1**に示します。ここでは人為的温室効果の60―70％を占める二酸化炭素で代表して説明しています。２０００年時点では、地球生態系や海洋の炭素吸収能力（年間３・１ギガトン：炭素換算、ギガ＝10億）以上の人為的二酸化炭素が大気中に排出（年間７・２ギガトン）されています。産業革命以降の、この出入りの差がどんどん蓄積し、大気中二酸化炭素濃度は産業革命以前の２８０ｐｐｍから現在の３８０ｐｐｍにまで上昇しました。大気中の二酸化炭素が、増えれば増えるほど気候変化は激しくなるのです。今の上昇速度は年間２ｐｐｍですから、ラクイラ（イタリア）のＧ８やコペンハーゲン（デンマーク）の気候変動枠組み条約交渉で、危険な地球平均温度上昇の一応の目処としている「産業革命以前から２℃上昇」に至るのは、あと10―30年後ということになります。それを超えたら、とたんに世界が破滅

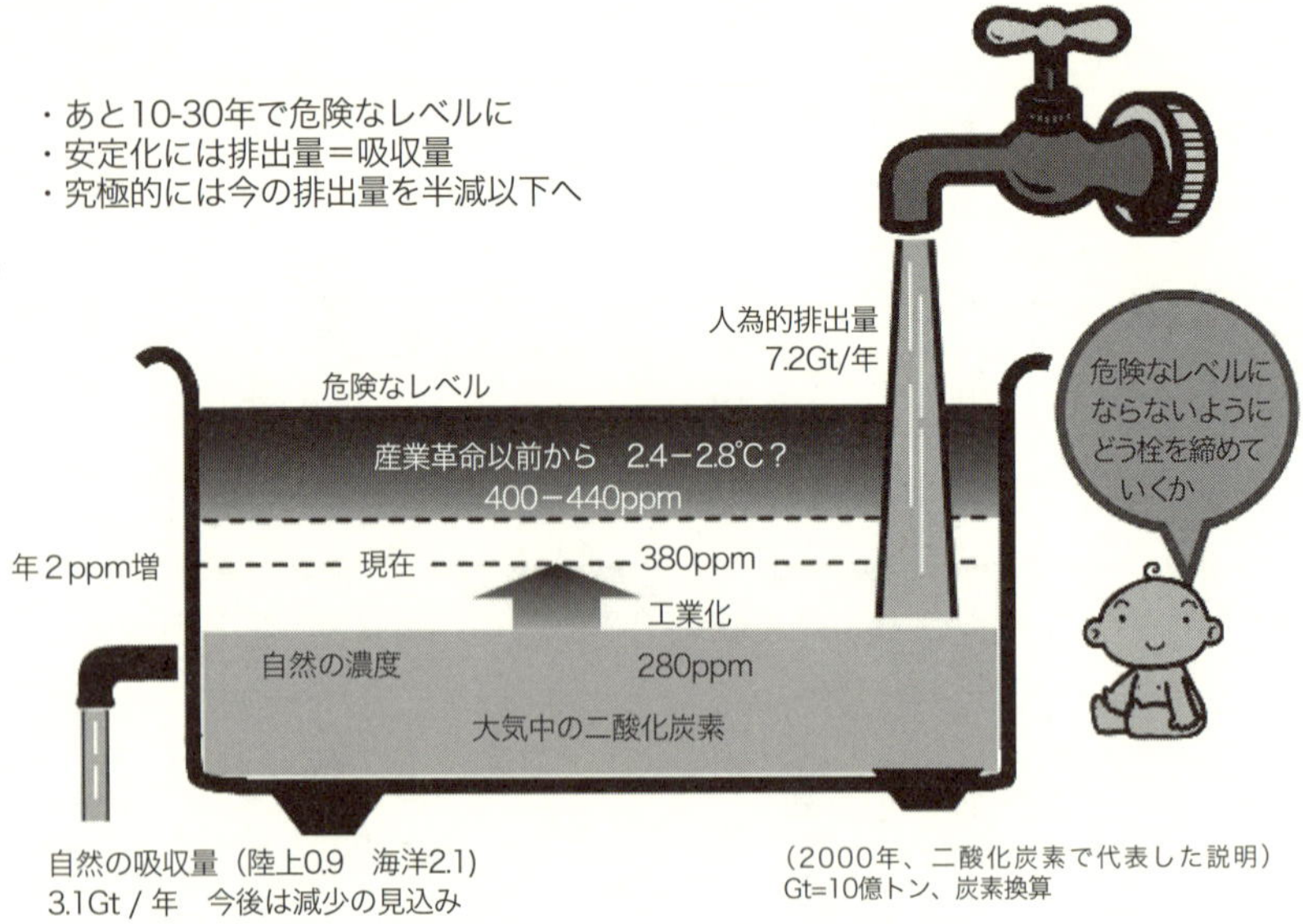

（2000年、二酸化炭素で代表した説明）
Gt=10億トン、炭素換算

図１　気候安定化のための基本スキーム

するわけではありませんが、緊急な対応が必要なことがわかります。

また、何℃であっても、ある温度上昇で気候変化を止めようとするときには、その上昇した温度レベルに対応する二酸化炭素濃度に留めなければなりません。そのためには、大気への排出量を地球の吸収量と等しくなるように濃度を一定に保たなければなりません。もちろん、それ以下の排出で温度を低下する方向に導ければそれに越したことはありませんが、これは要するに二酸化炭素濃度のバランスを保つためには、入りと出を等しくするという自明の理なのです。この単純な原則から、気候安定化には今の排出量７・２ギガトンを３・１ギガトン以下、すなわち半分以下にしなければならないことが結論づけられます。

悪いことに、温度上昇と共に地球の持つ吸収能力は減少するとみられています。温度が高まると土壌有機物の分解や海洋からの二酸化炭素排出が増え、それらの吸収能力が低下します。３—４℃程度の上昇で止めようとしたとき、今世紀末には吸収能力は２ギガトン程度まで低下するという計算もなされています。それならば、入りと出を等しくするために、現在の排出量を４分の１以下に下げなければならないことになります。

これが、気候安定化のために世界が二酸化炭素排出を大幅に減らす「低炭素社会」へ移行せざるを得ない必然を導く、科学が示す単純で重大な結論なのです。

○温室効果ガス削減をめぐる国際政治の動き

それでは、どのように水道の栓を閉めるほうに回しながら、風呂の水の水位を２℃くらいの上昇に相当する４５０ｐｐｍのレベルまで下げていけるかということですが、これにはさまざまな考慮が必要です。

排出している主体が人間社会であり、非常に慣性があって、そうすぐに排出は減らせません。早すぎる社会転換は経済に混乱をもたらし、一方で早めに減らしていかなければすぐに２℃を超えてしまうので、その後で溜まりに溜まった二酸化炭素を大気中から減らしていくのは容易ではありません。減らすといっても、森林などでの吸収を増やすか（それも一時的にすぎない）、さらに大幅に排出削減するしか手はないのです。

気候モデルと経済モデルを組み合わせてさまざまな削減シナリオが検討された結果、２℃以上の上昇にならないように押さえるには、二酸化炭素の排出量を２０５０年には今から50％程度減らし、２１００年ごろには４５０ｐｐｍ程度に下げていくのがありうるシナリオであることが多くの研究者によって示されています。**図2**は、国立環境研究所の計算例です。

こうした知見を踏まえて、国際政治の場では国際分担のもとでの削減が話し合われてきました。２００７年６月のドイツ・ハイリゲンダムＧ８において、安倍首相が「美しい星」として提案した２０５０年50％削減が論議され、同年10月にノーベル平和賞がＩＰＣＣとゴア元米国副大統領に授与されました。同年12月のインドネシア・バリ島での国連気候変動枠組み条約（ＣＯＰ13）では、先進国の25―50％削減に言及がなされました。２００８年７月、洞爺湖Ｇ８サミットでは２０５０年半減、先進国総量目標での削減、中国、インドなど主要経済国も、成り行きより削減することが話し合われました。２００９年７月　イタリア・ラクイラＧ８サミットでは、２℃以下に押さえるために先進国は２０５０年80％削減へと進み、２００９年12月のコペンハーゲン国連気候変動枠組み条約（ＣＯＰ15）では、すべての国が参加して世界全体で２０５０年半減が述べられ、それが今や世界が目指すべき削減シナリオとなってきています。

日本も、２００７年に福田首相が２０５０年60―80％削減を、２００９年に鳩山首相が２０５０年80％削減を長期目標として提示しています。

世界が２０５０年に50％削減するというとき、日本はどれほど減らすべきなのでしょうか。こ

気温上昇を2℃以下に抑えるには大気中GHG濃度を475ppm以下にする必要
・2050年のGHG排出量を世界全体で1990年レベルの50%以下に削減する必要
・日本はそれ以上（60-80%）の削減が求められる。欧州諸国（英国60%削減、ドイツ80%削減、フランス75%削減）でも検討

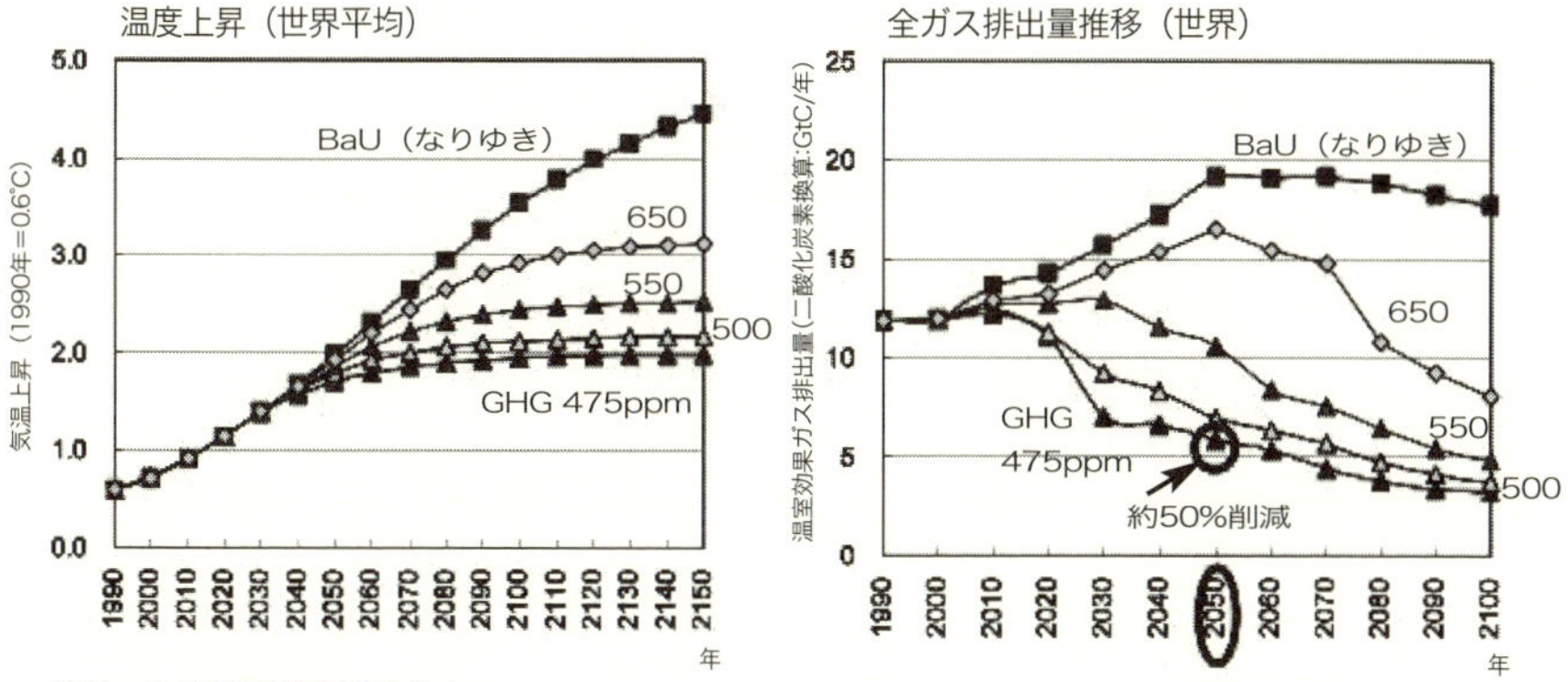

推計：国立環境研究所 肱岡ら
中央環境審議会地球環境部会－気候変動に関する国際戦略専門委員会：「気候変動問題に関する今後の国際的な対応について（長期目標をめぐって）第2次中間報告」（平成17年5月）に情報提供

図2　安定化レベルに対応する削減シナリオ

の分担は、気候変動枠組み条約の交渉で決められるものですが、その配分の基準としては、気温上昇への歴史的貢献、１人当たり排出量、国の絶対排出量等の温暖化への責任度合い、ＧＤＰ（国内総生産）、あるいは１人当たりＧＤＰのような支払い能力、生産原単位当たり排出量、ＧＤＰ当たり排出量、限界削減費用一定などの実効性、といった指標で論じられます。

２００７年12月バリの会合では、先進国の削減量についての検討が行われ、「京都議定書」の下の先進国のさらなる約束に関する特別作業部会、第４回後半会合の合意として、「ＩＰＣＣの第４次報告書が、最も

低いレベルで濃度を安定化するためには、世界の排出量を今後10～15年のうちにピークを迎え、２０５０年に２０００年比で半減よりもはるかに低い、非常に低いレベルに削減する必要があるとしていることにとくに注目する。ＩＰＣＣの最も低い安定化レベルの達成には、附属書I国（先進国）全体で２０２０年に１９９０年比で25～40％が必要であることをＡＷＧ第４回の前半の会合で確認した。附属書I国によるこれらの削減の達成は、条約の究極目標の達成のための世界全体の努力に対する重要な貢献であることを認識する」としました。

この計算は、シナリオ研究がさまざまに計算して出している先進国・途上国の負担割合を見て、４５０ｐｐｍシナリオでは２０２０年先進国25－40％、途上国も相応の削減がありうる削減量であるとまとめたもの（**図３**）からの結論です。これは、翌年のポーランド・ポズナン枠組み条約（ＣＯＰ14）交渉でも確認されています。後ほど論じる日本の25％削減も、こうした計算をベースにしたものといえましょう。

○日本の国際競争力強化に向けて

温室効果ガス削減をめぐるこのような国際政治の動きを受けて、世界各国は低炭素社会構築に向けて、省エネ技術開発や低炭素エネルギー供給への道を走り始めています。科学の結果と世界の流れを考えれば、低炭素社会への転換を早期に進めて、今のうちに大きな市場を獲得したほうが得することは明白です。

シナリオカテゴリー	地域	2020	2050
A-450ppm（CO_2換算） 気温上昇 2℃程度	先進国 （附属書Ⅰ国）	▲25%～▲40%	▲80%～▲95%
	途上国 （非附属書Ⅰ国）	ラテンアメリカ、中東、東アジア及びアジアの中央計画経済国におけるベースラインからの相当の乖離	すべての地域におけるベースラインからの相当の乖離
B-550ppm（CO_2換算） 気温上昇 3℃程度	先進国 （附属書Ⅰ国）	▲10%～▲30%	▲40%～▲90%
	途上国 （非附属書Ⅰ国）	ラテンアメリカ、中東及び東アジアにおけるベースラインからの乖離	ほとんどの地域、特にラテンアメリカ及び中東におけるベースラインからの乖離
C-650ppm（CO_2換算） 気温上昇 3℃以上	先進国 （附属書Ⅰ国）	0%～▲25%	▲30%～▲80%
	途上国 （非附属書Ⅰ国）	ベースライン	ラテンアメリカ、中東及び東アジアにおけるベースラインからの乖離

図3 「附属書Ⅰ国」（先進国）全体としての削減必要量

出典：IPCC第４次評価報告書　第3作業部会報告書　第13章

様々な温室効果ガス濃度レベルにおける附属書Ⅰ国及び非附属書Ⅰ国全体の1990年の排出量及び2020/2050年の排出許容量の差異の範囲

しかし今、日本はこの流れに遅れをとっています。ほとんど二酸化炭素排出を減らせなかった10年間の空白の間に、日本は省エネ大国の地位を低下させ、ＧＤＰ当たりの二酸化炭素排出量で英、デンマークなど欧州に抜かれてしまいました。デンマークやスウエーデンが、二酸化炭素排出と経済成長とのデカップリング（乖離）に成功しているのに、日本はいまだに成功していません（**図４**）。

中国も、２００９年9月16日、国家発展与改革委員会が「中国２０５０年低炭素発展之路」を発表、２０３０年に世界一省エネ国家になることを目標にしています。今後の人口安定化、老齢化、都市集中、産業構造転換の見通しを踏まえて、増加中の二酸化炭素を、２０３０年をピークに減らしてゆき、２０５０年には今と同じレベルに戻すというシナリオが描かれています。

低炭素世界の中で、このまま低炭素社会に背を向けての経済運営では日本はのたれ死にすることになりかねないので、低炭素社会構築に向けての産業構造の転換は必至でしょう。それが長期的にみれば、国際社会への貢献であるとともに国民全体が得する方向です。後ろ向きに対応するのでなく、先取りで国際競争に勝ち抜く積極姿勢に転換したほうが、当初は苦しいけれども長期的には得であることを理解し、国を挙げて取り組むべきです。折しも、日本は少子高齢化、産業構造転換、国土利用再構築などの課題があり、低炭素社会化と組み合わせての国づくりの時期にあるのです。

低炭素社会への転換は可能か

２０５０年に二酸化炭素排出を60―80％削減した日本の構築は、果たして可能でしょうか。

○70％削減のシナリオ

国立環境研究所と京都大学が主体となって研究者60人の参加を得、２００４―２００９年に行った「日本低炭素社会のシナリオ」研究では、２０５０年日本において70％削減が可能という結果[註)]を得ています。

その前提は、一定の経済成長を維持する活力ある社会のもとで、社会シナリオによって想定されるエネルギーサービスは維持し、提案されている技術進歩を想定（ただし期間中に、核融合など不確実な技術は想定しない）、原子力など既存の国の長期計画との整合も図ったものです。

●先進国のGDP当たりCO_2排出量

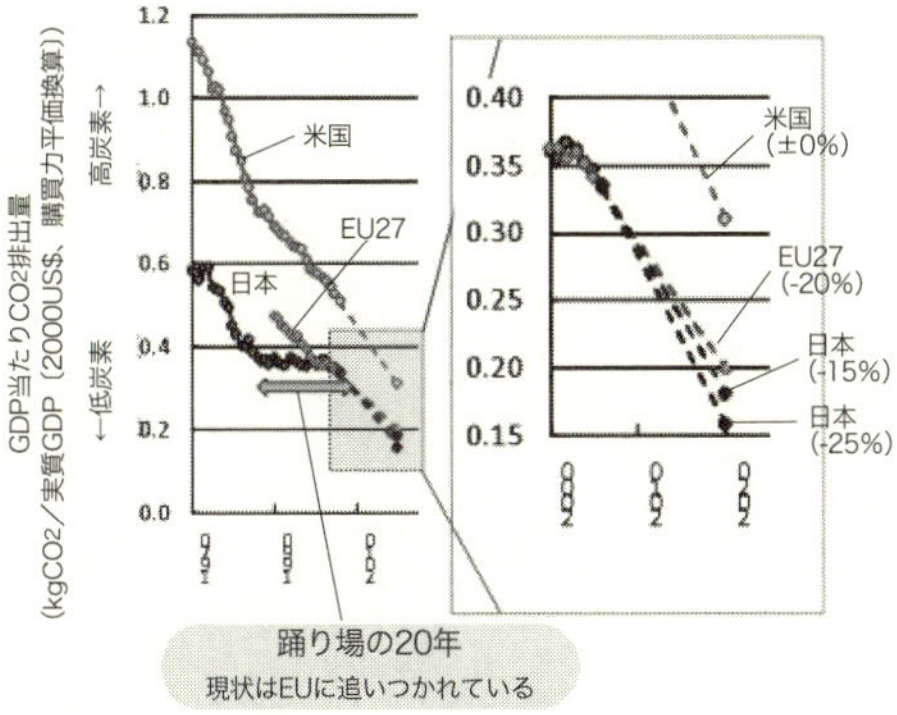

●ドイツの中期目標と経済成長

ドイツの削減目標
◆ 2020年 40%削減（1990年比）
経済効果・雇用創出効果
◆ グリーン市場規模：現在1兆円→ 2020年には倍増
◆ GDP：年平均500億ユーロ（6兆円）以上増加
（2030年までの間、レファレンスケースと比較して）
◆ 新規雇用創出：50万人（2020年）、90万人（2030年）

（出典：ドイツ連邦環境省（BMU）　「エネルギー政策ロードマップ 2020」）

●CO_2デカップリング

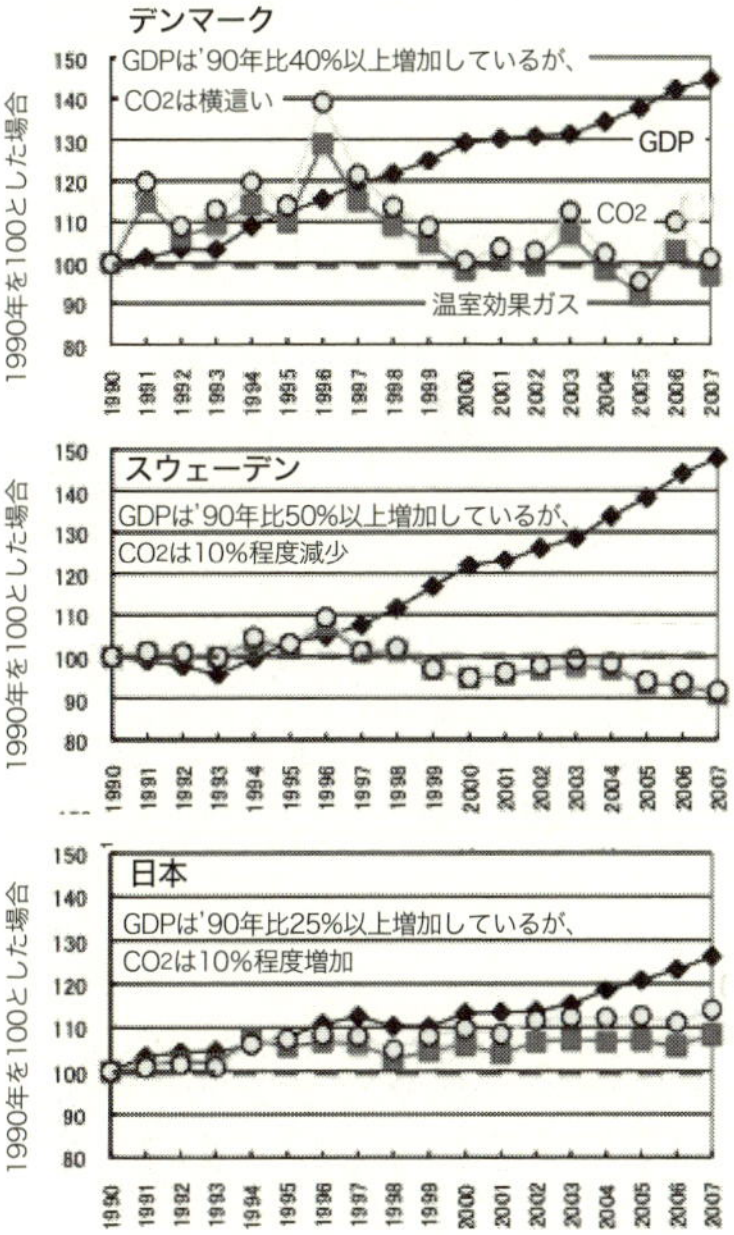

図４．経済成長と二酸化炭素排出量の推移

（註）この研究は、２００３年に計画された。当時は、まだ京都議定書の約束である１９９０年比６％削減目標の到達に四苦八苦していた時期であった。ＩＰＣＣなど科学の世界では、長期には大幅削減が必要なことは明確であったが、日本国内ではとても50年後のことを政策に乗せる雰囲気ではなかった。福田首相が日本の長期削減目標として６０―８０％削減を、本研究結果などを参考にして宣言したのは２００８年である。

本研究の事前サーベイでは、安定化時の上昇温度レベル、気候モデルの不確実性、国際交渉における日本の分担に関する不確定性を考慮しての計算から、2050年における日本の削減必要性は、1990年比60―80%と推定されていた。それをベースに、本研究は70%削減を目標として始められた。

その後、国際的にはG8やUNFCCC（国連気候変動枠組み条約）の論議で、産業革命以前から約2℃上昇を目指した削減目標が有力になり、また先進国の削減必要量は80%にまで上げねばならないとされるようになった。長期的に見たとき、70%と80%削減の間ではそう政策に違いがあるわけではなく、今後40年間の毎年の削減努力を少し加速すれば80%も可能である、また本書で書かれた70%削減の考え方の大筋は、現在の日本の長期削減目標80%への削減にもほぼ適応可能と見られる。

そのような前提のもとで、CO_2排出量70%削減は、エネルギー需要の40～45%削減とエネルギー供給の低炭素化によって可能となります（**図5**）。

各部門でのエネルギー需要量削減率（2000年比）は、以下のように見積もられます。幅は、想定した2050年社会の2つのシナリオ（1人当たりGDP伸び2%／年、人の活力社会と1%のゆとり社会）による差です。

・産業部門：20～40%　構造転換と省エネルギー技術導入など
・運輸旅客部門：80%　適切な国土利用、エネルギー効率、炭素強度改善
・運輸貨物部門：60～70%　物流の高度管理、自動車エネルギー効率改善

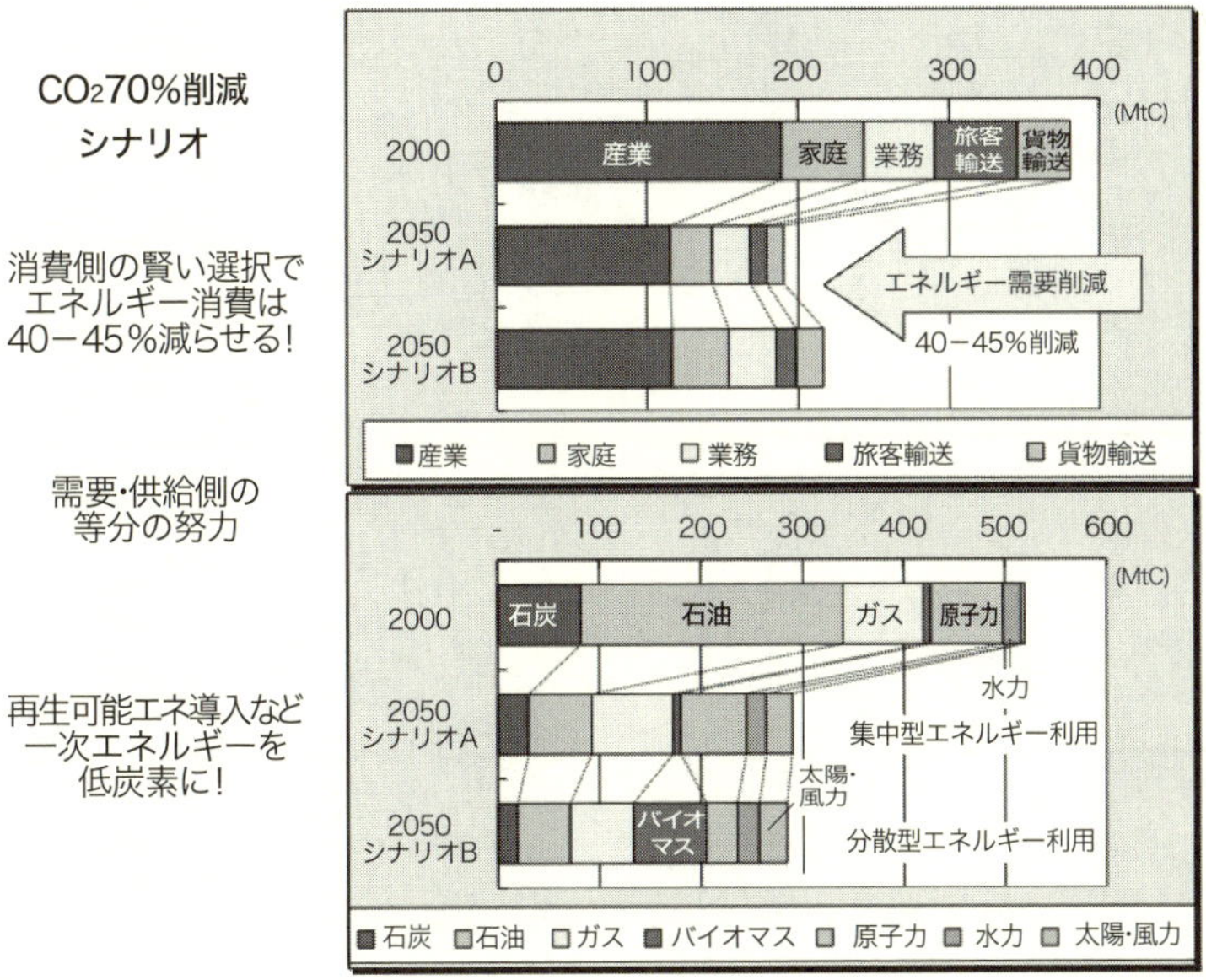

図5. 経済成長と二酸化炭素排出量の推移

・家庭部門：50％　建替えに合わせた高断熱住宅の普及と省エネ機器利用

・業務部門：40％　高断熱建造物への作り替え、建直しと省エネ機器導入

エネルギー供給側では、低炭素エネルギー源の適切な選択（炭素隔離貯留も一部考慮）とエネルギー効率の改善の組み合わせで低炭素化を図ります。

○低炭素日本のイメージ

このような低炭素社会が実現したときの日本は、どのような国になっているでしょうか。必要なサービスは確保されているから、爪に火をともし、ぶるぶる震えての縮こまった社会では決してありません。

活力社会／ゆとり社会のそれぞれで、日本の1人当たりGDPは2000年に比べて2・7倍／1・6倍に増加します。国民が必要とする住宅の暖かさ、オフィスの明るさ、移動距離といったエネルギーを必要とするサービスの総量は、人口減にもかかわらず2000年の水準とそれほど変わらないのです。人口は0・74倍／0・8倍に減少すると想定されるので、国全体でのGDPは2・0倍／1・3倍になります

知的・教育・福祉サービス産業へのシフトで、知的能力や思いやりが尊ばれるこころ豊かな社会になるでしょう。モータリゼーションの飽和化などが進み、歩いて暮らせる街が普通になります。

土地を守る農山村は、二酸化炭素吸収、バイオマス、地産地消の新たな役目に活力が戻ります。建築物の高断熱化や省エネ機器のさらなる開発・普及など各方面にわたる低炭素技術、社会革新が企業を中心に活発に進められ、資源の無駄遣いがなくなり、効率的で、モノにとらわれない社会になります。

社会資本への新規投資は減少していく見込みですが、今後の公共投資は、低炭素社会に向けて再生エネルギーや公共交通整備などに効果的に進めなければなりません。これは、老朽化しつつあるインフラ（社会基盤）をグリーン・インベストメント（環境重視企業への投資）で替えるよい機会となるでしょう。

	方策の名称	説明	CO_2削減量
1	快適さを逃がさない住まいとオフィス	建物の構造を工夫することで光を取り込み暖房・冷房の熱を逃がさない建築物の設計・普及	民生分野を中心に 56〜48MtC
2	トップランナー機器をレンタルする暮らし	レンタルなどで高効率機器の初期費用負担を軽減しモノ離れしたサービス提供を推進	
3	安心でおいしい旬産旬消型農業	路地で栽培された農産物など旬のものを食べる生活をサポートすることで農業経営が低炭素化	農業分野を中心に 30〜35MtC
4	森林と共生できる暮らし	建築物や家具・建具などへの木材積極的利用、吸収源確保、長期林業政策で林業ビジネス進展	
5	人と地球に責任を持つ産業・ビジネス	消費者の欲しい低炭素型製品・サービスの開発・販売で持続可能な企業経営を行う	
6	滑らかで無駄のないロジスティックス	SCM[*1]で無駄な生産や在庫を削減し、産業で作られたサービスを効率的に届ける	運輸分野を中心に 44〜45MtC
7	歩いて暮らせる街づくり	商業施設や仕事場に徒歩・自転車・公共交通機関で行きやすい街づくり	
8	カーボンミニマム系統電力	再生可能エネ、原子力、CCS[*2]併設火力発電所からの低炭素な電気を、電力系統を介して供給	エネルギー転換分野を中心に95〜81MtC
9	太陽と風の地産地消	太陽エネルギー、風力、地熱、バイオマスなどの地域エネルギーを最大限に活用	
10	次世代エネルギー供給	水素・バイオ燃料に関する研究開発の推進と供給体制の確立	
11	「見える化」で賢い選択	CO_2排出量などを「見える化」して、消費者の経済合理的な低炭素商品選択をサポートする	分野横断的な方策 上記の数値に含まれている
12	低炭素社会の担い手づくり	低炭素社会を設計する・実現させる・支える人づくり	

*1 SCM (Supply Chain Manegement) ：材料の供給者、製造者、卸売、小売、顧客を結ぶ供給連鎖管理

*2 CCS (Carbon dioxide Capture and Storage) ：二酸化炭素隔離貯留

図6．低炭素社会に向けた12の方策とその効果（削減量は2000年を基準とする）
松岡 譲：10/2008

○低炭素社会実現に向けて我々は何ができるか

●統合的な12の方策

そうはいっても、この低炭素社会を実現するのは容易ではありません。国、地域、企業、そして個人のあらゆるレベルでの行動が必要です。そうした行動は、ばらばらでは効果的でありません。ある対象分野での低炭素化を進めるためにとった技術的対策、社会制度改革、推進施策の効果は、その分野だけにとどまらず、相互に高めあって他の対象分野の低炭素化を進めるように組み立てられ、温室効果ガス排出削減に確実に結びつくものでなくてはなりません。

研究チームは、２０５０年70％削減に向けて社会全体でとるべき具体的な「12の方策」を提案しています（図6）。これらは、モデル研究から得られた効果的削減可能分野を主対象とした実際的な方策であり、すべてのステークホルダー（利害関係者）を対象にした包括的なものであり、また削減モデルと連動していて、その効果が定量的に推定されるものです。

炭素税や排出量取引のような分野横断的に効果を持つ経済的手法は、方策そのものとしては挙げていませんが、方策の効果をさらに加速します。また、公共事業、資本市場など社会資本整備は、低炭素社会に向けて適切になされていることが前提であり、これは国の音頭とりでなされるべき仕事です。

●地域と交通をどう変えていくか

一例として、地域づくりとそれに密接な関係にある交通システムに関して、この方策がどのように使えるかを見てみましょう。

２００６年、周辺地域から中心市街地に軽量軌道（ＬＲＴ）を延長した富山市では、運転高頻度化、終電時間延長、バスへの乗り換えの容易化、駅周辺の定住促進などで、平日の利用者数が2倍、休日では4倍になり、日中利用者が増加、高齢者がどっと中心商店街に繰り出す風景が見られるようになりました。このように、低炭素化の都市づくりは地域の活性化をもたらすものでなくてはなりません。

住居、オフィス、商業施設を中心市街地に集約することによって、人の移動量を削減し、それに伴うCO_2の排出を削減することができます。そのためには、自動車社会から脱却し、歩いて暮らせる街の魅力について市民が充分に理解し、市民と自治体が一体となって、低炭素社会の観点を考慮した土地利用計画を策定することが必要です。

これを実現すると、バス、鉄道、LRTなどの公共交通機関の競争力が高まります。交通からの二酸化炭素排出は、80％も削減化可能と見られています。その6割は、電気自動車への転換のような自動車の単体技術によりますが、20％強はコンパクトシティ化のような都市のデザイン変更や、公共交通への投資や転換の推進などモーダルシフト（貨物輸送をトラック輸送から鉄道や海運輸送に切り換えること）によるところが大きいのです。

東京のように人がまとまって住む都市部では、もともと移動距離が少なく、また公共交通が発達しているため、北海道と比べると1人当たりの交通関連の年間二酸化炭素排出量は10分の1以下で済んでいます。高齢化が進む人口分布や、土地利用形態、交通事情は、地域地域によって異なるため、それぞれの地域が規模に応じて独自の交通システム、都市形態を考えていかねばなりません**（図7、図8）**。

中規模都市では、中心地のいわゆる「シャッター街」に活性を取り戻すチャンスにしなければなりません。

●12の方策を組み合わせる

一方、人口密度の低い地域では、現在と変わらずに自動車が主要な移動手段と思われますが、

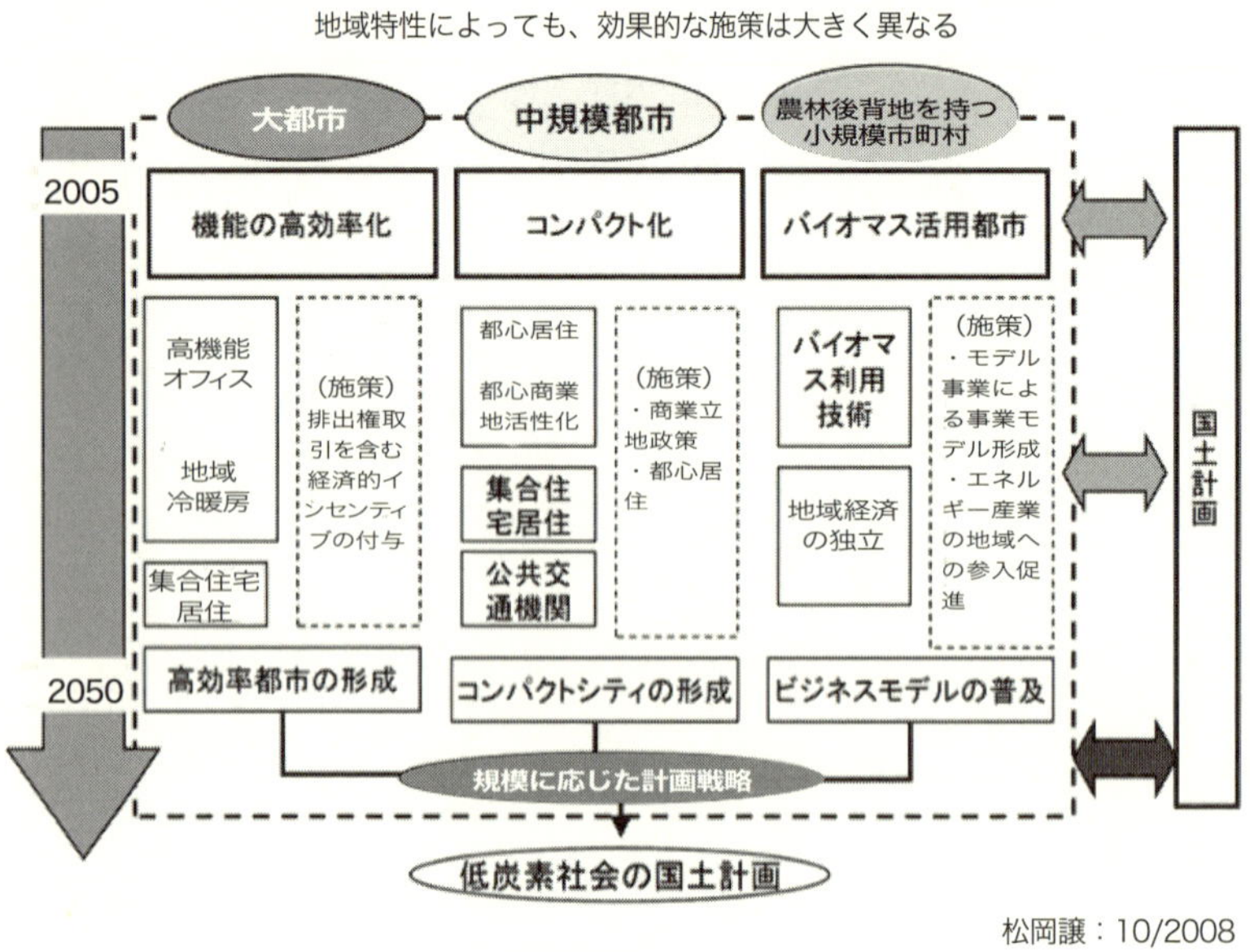

図7．地域特性に合わせた交通体系の創造

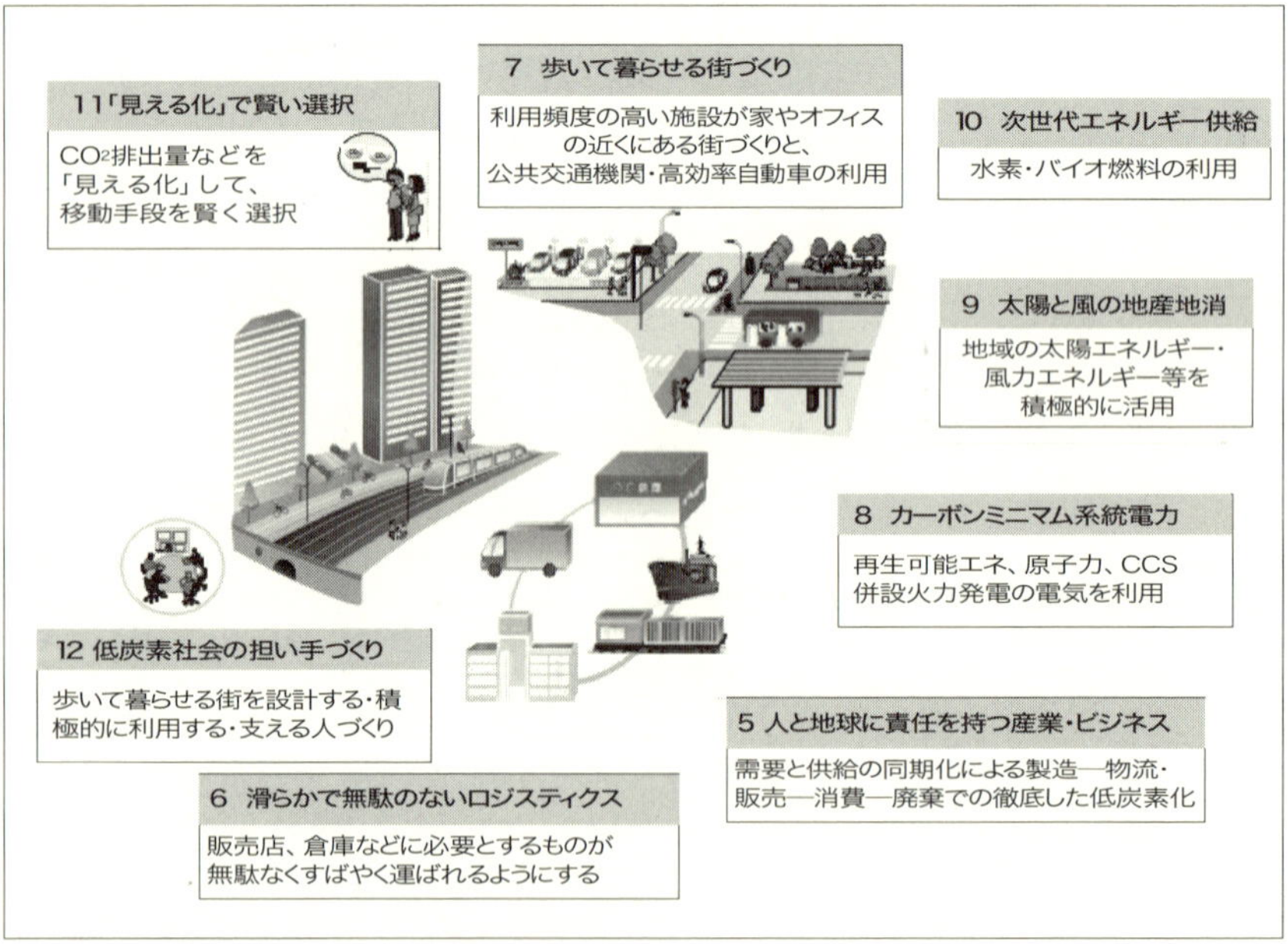

図8．移動の低炭素化を実現するための方策

動力源をエンジンから電動モーターへシフトさせ、車両を軽量化することで、大幅なエネルギー効率改善が達成されCO_2削減が実現できます（方策7、12）。

企業は、製品のライフサイクル（製造―物流・販売―消費―廃棄）において低炭素化を徹底的に進めていきます。サプライチェーン（原材料調達から最終消費に至る供給連鎖）のすべての段階で、需要と供給を同期化し、効率的な生産・輸送を行うことによって無駄な生産を省き、生産・輸送時のエネルギー消費を削減することができます（方策5、6）。

また、物流を低炭素化するには、鉄道や船舶など大量輸送手段に関するインフラを整備することが必要です。港湾や鉄道網の整備、輸送機器の効率改善などによって輸送の能力を向上させるための各種支援を行うとともに、荷捌き拠点での受け渡しがスムーズになるような制度やインフラの整備が重要です（方策6）。

移動で消費されるエネルギーについては、高効率自動車のエネルギー源として、地域の太陽エネルギーや風力の積極的な活用や低炭素な電力の購入により排出量の大幅削減が実現できます。また、水素燃料電池自動車の導入、バイオ燃料の利用を進めることも低炭素化に貢献します（方策8、9、10）。

効率的な移動手段が整備されても、利用者が積極的にそれらを選択しなければ、低炭素化は進みません。時刻表や運賃などの移動に伴う必要な情報と温室効果ガス排出量をいつでもどこでも入手できるような仕組みが整備されれば、低炭素な交通手段を積極的に選択できるようになります（方策11、12）。

低炭素社会へ転換すれば何が変わるか

低炭素社会への転換のシナリオは、ここに示したものだけでなくさまざまに描くことができます。

○どのビジョンでも大幅削減が可能

未来社会のビジョンも、ここでは2つのケースで考えています。1つのケースは将来の技術進歩に期待して技術の力で低炭素化する「活力社会シナリオ」であり、もう1つのケースは、むしろ今の経済成長といわれているフローのスピードをやや落として人々が自然や家族の間で時間をゆったりと過ごす「ゆとり社会」を前提とします。

活力社会であればもっと街中に住み、もっと遠くに出かけ、もっと外食を楽しみ、ゆとり社会であればもっと田園にすみ、もっと近郊の自然を愛《め》で、汗を流して野菜作りを楽しむでしょう。

こうした人々の生活選択によって決まる社会ビジョンでは、エネルギー利用の場面と量が異なると思われますが、どちらのシナリオでも人々がその時点で欲するサービスは充足されています。どのような社会を選択するかは国民にゆだねられます。どちらの社会にしても、シナリオを取り入れた技術モデル計算では70％の削減が可能です。
ビジョンはいろいろに違いますが、低炭素社会が実現したとき、低炭素化によって「変わる」ものもあり、「変わらない」ものもあります。低炭素社会の実現のために「変えねばならない」ものもあります。変えたことで起こる事態に対応して「変わらなければならない」こともあります。変わらないのは、人々の安心・安全で思いやりのある豊かな生活を求める心でしょう。

○変化を直視する

我々は今、岐路に立っています。1つの道はこれまで通りのやり方を続けることであり、もう1つの道は低炭素社会に向けて行動を切り変えるという選択です。変わらないという選択肢は、今はもうないといってよいでしょう。しかし変わるという選択は、今のままという選択から見ると必ず摩擦が生じる選択です。摩擦とは産業の入れ替わりであり、それに伴う雇用変化であり、変わるための資本調達です。変わるための具体策を提案すると、必ずそれでは変わりたくないという声が高まり、結局何もできなくて、変わらない道を歩き続けてきたのが、日本のこの15年なのです。

何もやらないという選択が、ベストな選択というわけではまったくありません。将来世代の負担増を無視しているという観点もあります。また、世界が雪崩を打って、低炭素社会の方向に進み、その前提で世界秩序が形成されているときに、それを横目で眺めて産業構造も追従させず、先んじての製品開発もしないようでは、とくに日本のような輸出国家は、国際競争に取り残されることでしょう。国際競争の激しい自動車産業は、二酸化炭素排出抑制をメインの経営目標として、技術力維持のために合従連衡を続けています。新しい市場である太陽エネルギー技術における日本の敗退も、じっとしていることが、いい選択とはとてもいえない状況を如実に示しているのです。「変わらなければならない」のです。

○低炭素社会になれば変わるもの、変えるもの

●技術革新

低炭素化で、これまでのエネルギー高依存型技術からエネルギー低依存型技術に移ります。企業がそれぞれに対応し、商品構成が変わり、さらに産業構造を大きく替えることになります。こうした変革は、低炭素社会への流れの中での必然だから、むしろ先取りして、日本の得意とする技術面での国際競争力をつけていかなければ雇用が確保できません。

今後、低炭素社会構築に向けた技術競争は激化するでしょう。これまで先進国のエネルギー技術進歩率は、エネルギー強度（GDP1単位当たりのエネルギー消費量）の指標で見ると、年1・25％程度の進歩率を示していました。ところが70％削減シナリオでは、日本はその速度を1・7％―2・4％に加速しなければなりません。これは、ほかの国のシナリオを見ても同様な結果であり、英国は2・8％、ドイツは2・4％を見込んでいます。

とくに、需要側での技術開発が鍵です。低炭素社会の実現のためには、エネルギー需要を２０５０年には現在からおおむね半減する必要があることが、世界的にも示されています。エネルギーの節約は、もちろん消費者・需要側の役目です。これまでは、エネルギー供給側がエネルギー多消費型需要側技術と一体になって、エネルギー利用を拡大してきたのですが、今後は需要側の省エネ技術が主導して省エネを行い、供給側はその削減されたエネルギーを如何に低炭素エネルギーで供給するかを、両者の協力のもとで考えていかなければならないでしょう。

このような変化の大きな時代には、技術が非線形に発展することがあります。技術のリープフロッグ（蛙跳び発展）です。例えば、現在の電気自動車はガソリン自動車の4分の1の二酸化炭素排出です。電気自動車には、内燃機関エンジンがありません。自動車メーカーはエンジンにノウハウが詰まっていますが、それがいらなくなるとさまざまな周辺企業から自動車産業への参入が始まります。中国ではあまりに参入が多すぎて規制を始めたぐらいです。国際的に競争が始まり、エンジン技術だけに頼っていたのでは、これまでの優位さが一挙に崩れることもあり得ます。

今、携帯電話の生産シェアは中国が半分を占めています。中国では、国土が広いため全土には電信網が引けませんが、人工衛星の時代になれば、電話線はいらないことになります。ちょうどそのような時代に携帯電話が実用化され、一挙に需要が高まり、それが生産シェアの向上につながったわけです。なまじっかしっかりした電信網という社会インフラを抱えていることが、技術進歩への足かせとなります。電力網が十分でないところでは、自然エネルギーを用いた独立配電網を作らざるを得ないため、太陽や風力といったエネルギー技術が発達する、今はそういう変革のときなのです。

スマートグリッド（次世代送電網）のような総合エネルギー運営体系は、これまでの供給―需要の関係を渾然一体化してしまいます。地域や家庭での発電で、自然エネルギーを主体とした分散型独立地域エネルギー供給システムが発達し、自動車電池と十分に情報を把握した住宅での需要とが組み合わさって電力の供給―需要関係を作るようになるでしょう。

●省エネルギーと供給エネルギーの低炭素化

夜間常時点灯の場所を、自動スイッチ化して電力必要量を10分の1に減らしたとき、電力会社の売り上げは減り、自動計測器産業が伸びます。これは電力というエネルギー産業から、計測産業という高度知識産業への転換が起こったことを示します。

低炭素社会は、消費側の省エネとエネ供給側の低炭素化の両方をやることでしか実現できません。70％削減のケースではおおむね、エネルギー需要を40―45％削減し、残ったエネルギーを低炭素エネルギー減で二酸化炭素を減らします（日本低炭素社会シナリオ、ＩＥＡ　ＢｌｕｅＭａｐ、英国気候委員会）。

日本では、原子力の立地が実際にはかなり制約されていて、電力需要の変動調整のために化石燃料による発電も必要です。そのためエネルギー安全保障を考慮して原子力と石炭を組み合わせています。他の産業の化石燃料利用も残ります。この構造では、需要の削減なしには、供給側だけでの２０５０年60―80％削減は不可能です。

一方、需要側では住宅、オフィス、交通を中心に、既存省エネ技術の浸透、新技術開発で40―45％削減が可能です。その結果、石油・ガス等エネルギー供給産業の量的低下は必至であり、電力は電化の進み具合によっては削減の可能性もあります。これに対応して、産業自身が下流製品（太陽エネルギー、電池〔隔膜〕）、省エネサービス（ＥＳＣＯ）などへ転換の方向に向きます。

・需要側技術が引っ張る構造改革

産業構造が、これまでの供給先導から需要先導に変わります。これまでは、「エネルギー量、自動車は任せなさい。いろいろ便利に楽しんでください」という供給側主導社会でしたが、省エネや高齢化が進み、消費側の必要エネルギー・物質量が産業構造を決定することになります。低炭素化転換の中核である機械産業は、今後も伸びると見られます。電機機器産業は、消費側機器・新エネ関連は伸びるが、エネルギー供給量低下に伴い発電施設などの売り上げは減ることになります。

●産業構造の転換

この転換による日本経済全体への影響も考えなければなりません。発光ダイオード（ＬＥＤ）に関連する下請け企業は儲かり、白熱電灯のフィラメント製造業はすたれ、発光ダイオード研究開発製造企業の売り上げは高まります。

ＬＥＤ照明を購入し、取りつけた工場にとっては、電力購入量が減りエネルギーへの支払いが減ります。この削減は、電力会社にとっては電力販売量減少、売上げ高減を意味します。供給義務を持つ電力会社としては、さらなる設備投資をしないで済み、無理して原子力立地を進めないで済むかもしれません。またコストプラス一定利益で決められた販売価格であれば、利益はあまり変わりません。電力会社に石油・石炭を売っているエネルギー資源の会社は、これらの生産を縮小しなければならないでしょう。

多くの石油会社は、もう先を見越して、太陽エネルギーパネルの販売など再生可能エネルギーも含めた総合エネルギー会社に変わろうとしています。国全体で見ると、エネルギー産業の売り上げが減って、ＬＥＤ会社やそのＲ＆Ｄ（研究開発）会社の売り上げが増えたことになります。エネルギー集約型産業から電気機械産業や知識集約型産業へと産業構造が大きく変わったことを意味します。

●企業の変化

低炭素社会における企業の責任は、まずは自社の工場工程やオフィスでの省エネルギー・脱二酸化炭素です。第2には、その製品やサービスによって社会の低炭素化に貢献することです。それが本業の仕事だから、自社の省エネよりずっと社会に役立つでしょう。

さらに、自社の従来の業務を超えた新たな領域への進出が必要です。というのは、今起こっていることは、技術競争だけでなく、社会全体のシステム転換なのです。先の電気自動車の場合のように、エンジン技術不要のケースが起こりえます。それがいつ自分の会社に及ぶのか、先取りして仕掛けるのか、常に考えておかねばなりません。

●地域が変わる

２０５０年には、日本の人口が20―30％減り、しかも世界の先頭を切って少子高齢化社会に入って行きます。都市への人口集中は強まり、メガシティ、地方中核都市に人口が集中します。低炭素社会化を契機に、交通システム、都市整備、さらには農山村を含めた土地利用など社会基盤も省エネルギーに向けて変えていかねばなりません。

都市では、建て替えに当たって個々の住宅やオフィスビルが高断熱・省エネタイプで省エネ型管理が可能な設計にしなければなりません。各部屋に空調設備が取り付けられ、省エネ努力が報われるシステムが必要です。こうしたことの積み重ねが、エネルギー供給産業から計測情報産業への産業構造転換となって現れます。

高齢化に対応して、歩いて暮らせるコンパクトな街づくりが進められます。それは、ぎゅうぎゅう詰めの街ということではなく、欧州の中小都市のように、産地直送の品物が並んだ広場での買いものに品定めやおしゃべりしてゆったりすごせる街であり、車による輸送量が少ない街です。

都市内交通は、バスや軽量軌道車など大量輸送公共交通を中核に優先的に通行させ、どの公共交通機関にでも最初の切符で1時間乗り放題の便利で安心な輸送サービスとなり、都市間の交通は高速軌道交通で結び、遠距離トラックの労働から解放された物流システムを作ることになります。

交通からの二酸化炭素削減の多くは、電気自動車の普及によってなされますが、モーダルシフトや都市交通の公共転換などのソフト技術の適用が重要です。

一方で、農山村はバイオマス供給地、二酸化炭素吸収源維持地として適切な管理がなされなければならず、気候変化による世界的食料異変に備えて強い生産力を維持しなければならないので、何らかの形で安定した生産・居住が促進されるでしょう。

●安定した気候の価値を経済に繰り込む

低炭素社会構築に向けて、我々が今、短期的には得にならないかもしれない投資をしなければならないことがあります。初期投資の高さが逡巡につながります。例えば電球を買うときには、１００円の白熱電灯を買うほうが安く、電灯型蛍光灯やＬＥＤ電球を買おうとすると白熱灯の10—30倍の価格になります。しかし、エネルギー消費は4分1から8分の1になり、寿命も10—１００倍にもなり、長期的に考えれば経済的です。このような場合、結局は経済的に引き合い、かつそれによって二酸化炭素排出が少なくなるのであれば、それを周知させて家庭での購入を促せばよいのです。

しかし、工場の施設となると、長期的には得とわかっていても、最初の投資が巨大になるので、そう簡単には投資できません。このようなときには、エコポイントのように税金で補助金を出すとか、銀行からの融資を安い金利にするとかの政策が必要になります。将来世代のための気候安定といっても、自分に戻ってくるものでなければ投資しにくいものです。このようなときに、政府が将来世代を代表して温暖化対策税を集めて、それを上記のような温暖化対策推進に用いることが望まれます。あるいは、排出主体に対して排出量を割り当て（キャップ）、強制的に削減させることも考えられます。

排出主体によっては、削減できるところとやりにくいところがあると思われるので、排出許容量をお互いに取引（トレード）させることも考えられます。この排出量取引制度（キャップ＆トレード方式）で決まる排出許容量単位当たりの価格は、全体の削減量が多いほど高くなるでしょう。排出主体は排出削減に努力すれば、ほかに排出枠を買う必要が無く、かえって排出枠を売ることによって儲かることになります。

このように、今将来世代のための投資を進める工夫を、炭素税や排出量取引の形で経済に組み込むことが必要であり、それに向けて努力した者が報われる経済システムにする必要があります。こうした投資は、どこかへ消えてしまうわけでは決してありません。省エネ機器や省エネインフラに投資されて経済を潤し、かつ将来を確かにします。「グリーン成長」などと特別な言い方をしなくとも、将来に向けた低炭素化投資がそれなのです。

産業構造あるいは社会構造が変わるときには、ある産業では雇用の場が失われるが、ある産業では増えることになります。この転換に伴う摩擦は、将来の気候安定化のためにやむを得ないものであり、これを直視して摩擦をいかに少なくして新しい社会に変えていくかは、政府・産業・国民が一体となって取り組むべき課題です。

●変われるか？　個人のライフスタイル

最終的に需要側エネルギー削減の鍵を握るのは消費者です。すでにエネルギーを多く使ったり、モノを大量に所持・使用することによる自己表現がすたれ、モノにこだわらない「足るを知る」「もったいない」ライフスタイルで自己実現の方向に進んでいます。日常生活では、こまめなスイッチ切りやエコバッグ利用などはもうすっかり生活に根付いているものとなっています。

今後は、政府、企業、自治体の努力で低炭素社会システムができあがってくるでしょう。生活者としては、それを賢く利用していくことで低炭素社会への転換のけん引役となれるのです。

研究グループが提案した「低炭素社会に向けた12の方策」（既出図6）では、近郊の農家が店を出す市場で、旬の農産物を選ぶ（旬産旬消）、太陽熱温水器・太陽光電池パネルを設置する（エネルギーの地産地消）、住宅建設時には高断熱住宅を選ぶ、買い替え時に省エネ電化製品を選ぶ、あるいはレンタルする、グリーン電力購入を電力会社に要請する、自動車運転のわずらわしさを避け、居眠りしながら行ける公共交通を使うなどをあげています。

その中でも、社会と家庭の役目として長期的に見て重要なことは、低炭素社会の担い手を育てることです。住宅建設、山林保全、都市づくり、低炭素時代のビジネスモデル構築、環境教育専門家など人材の養成こそ次の時代を確固とするものです。

中期目標とロードマップ
――どのような道筋で変わろうとしているのか

今から、２０５０年に60―80%削減といった長期の目標が定まっていても、40年も先の話にはなかなか腰が上がらないという人たちがいます。しかし、気候の変化は今はあまりないようでも、いったんそれがはっきり見え始めたころには、もう止めようがなくなっているのです。それは気候に大きな慣性があり、一旦始まった気候変化は何十年も経たないと安定化しないからです。

一方、気候の変化に気づいて温室効果ガスを減らそうとしても、今度は我々社会のほうがそう早くは変われません。今からじっくりと一歩一歩削減を進めていって、ようやく気候の変化に対応できるのです。気候安定化に向けて早期に目標を定め、その目標からバックキャスティング（将来像を描き、現在を振り返って、今から何をしたらいいかを考える思考法）して、最適・最速に温室効果ガスを減らすための手を打っていく必要があるのです。その道筋は、ロードマップとして表されます。今、世界でも日本でもロードマップづくりが進行中です。

○日本の低炭素社会政策

●地球温暖化対策基本法案

２００９年９月、政権が交代し、民主党鳩山首相は国連総会気候変動サミットにおいて日本の長期削減目標を１９９０年比80％削減とし、「すべての主要排出国の参加を前提として」、２０２０年までの中期目標を25％削減すると述べました。同時に、再び麻生内閣時とほぼ同じ研究所メンバーでの中期目標検討会が開催されましたが、全体が変わっていないため結果は以前の検討と同じであり、報告はそのまま棚上げされました。

２０１０年3月、「地球温暖化防止対策基本法案」（**図9**）が閣議決定され、6月衆議院を通過、参議院の論議に回されましたが、6月初めの鳩山首相辞任と参議院選挙日程が早まったため廃案となりました。後任の菅内閣では、鳩山前首相の提案を引き継ぐとしており、選挙後の国会に再び上程される予定です。また、菅政権はその成長戦略の柱の１つに、環境エネルギーへの投資拡大を掲げています。

●政治意図の明確化

政策の中核は、条件付きながら、①25％削減の中期目標：２０２０（平成32）年までに、年間温室効果ガス排出を１９９０年の排出量の25％削減する　②80％削減の長期目標：２０５０（平成52）年：わが国が達成を目指すべき温室効果ガス排出量は、１９９０年比で80％削減とすること、そして③1次エネルギーの供給量に占める再生可能エネルギーの供給量を２０２０年において10％に達すること、を目標とする点にあります（**図10**参照）。

そうした目標達成に向けて、④国内排出量取引制度創設（本法案の施行後1年以内に成案を目途）及び温暖化防止対策のための税の検討とその他の税制全体の見直し（２０１１年度の実施）、

地球温暖化対策基本法案（第74回国会提出→廃案）

中長期削減目標

温室効果ガス

2020年までに1990年レベルから25%削減

・すべての主要な国が、衡平なかつ実効性が確保された地球温暖化防止のための国際的な枠組みを構築するとともに、温室効果ガスの排出量に関する意欲的な目標について合意をしたと認められる場合に設定

2050年までに1990年レベルから80%削減

・2050年までに世界全体の温室効果ガスの排出量を少なくとも半減するとの目標をすべての国と共有するよう努める

再生可能エネルギー

2020年までに全一次エネルギー供給の10%

基本施策

排出量取引制度の導入

●国内排出権取引制度の創設　施行後1年以内に成案
●総量規制が基本、原単位規制も検討

温暖化対策税の検討

●税制全体のグリーン化
●温暖化対策税の23年度実施に向けた検討

再生可能エネルギー全量固定価格買取制度の創設

図9　地球温暖化対策基本法案（案）

⑤再生可能エネルギー利用を促進するため、全量固定価格買取制度の創設といった政策的措置をとる、⑥原子力の推進、エネルギー利用の合理化、交通からの排出抑制、革新的な技術開発促進、メタンなどその他ガスの排出抑制、新たな産業の創出、教育・学習の振興、自発的な活動の促進、情報公開などが進められます。これにより低炭素社会への政治的意思がはじめて示されたといえます。

基本法案には、①25％という数字の根拠が不明、②条件付きの目標設定が有効か、③削減目標25％のうちどれだけが国内での削減か、④実行可能性に疑問がある、⑤転換費用の財源と国民負担・転換時の雇用摩擦等が説明され

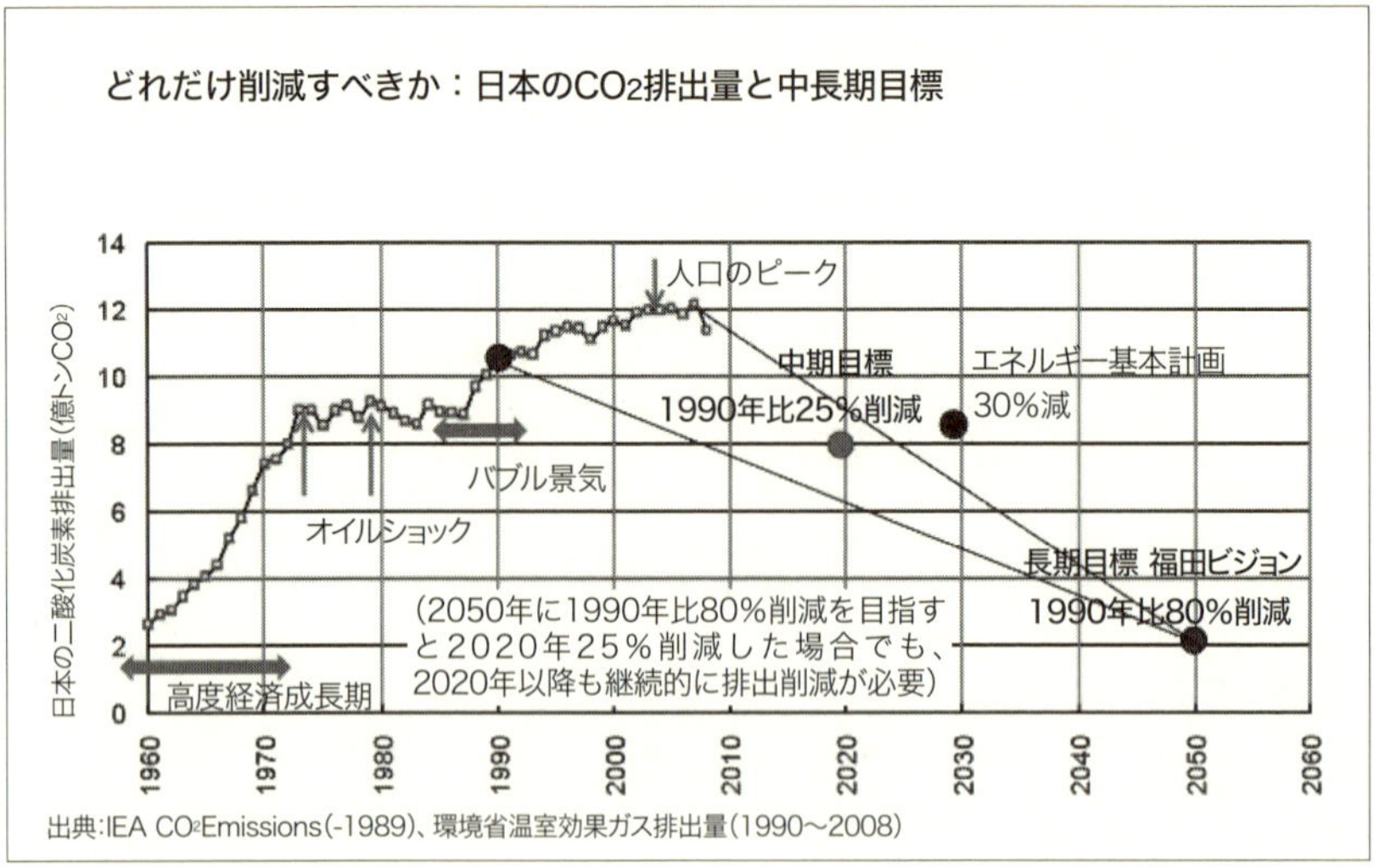

出典:IEA CO2Emissions(-1989)、環境省温室効果ガス排出量(1990～2008)

図10　日本の中長期目標

ていない、⑥エネルギー計画との整合を取る必要性がある等の批判が、電力、鉄鋼、化学などエネルギー多消費産業から出されています。

一方、電機機器等消費側産業からは、自社技術が社会全体の低炭素化に及ぼす削減効果を正当に評価してほしいとの要望も出ています。

○ロードマップ——低炭素社会への道しるべ

基本法案には、目標と施策、各層の責務は書かれていますが、一体、２０２０年までに25%の削減が技術的・社会的に可能なのか、誰がいつまでに何をやれば目標に到達できるのか、費用はいくらかかるのかが示されていないではないか、という批判が出されました。これに応えて、目標到達に至るまでの道程を

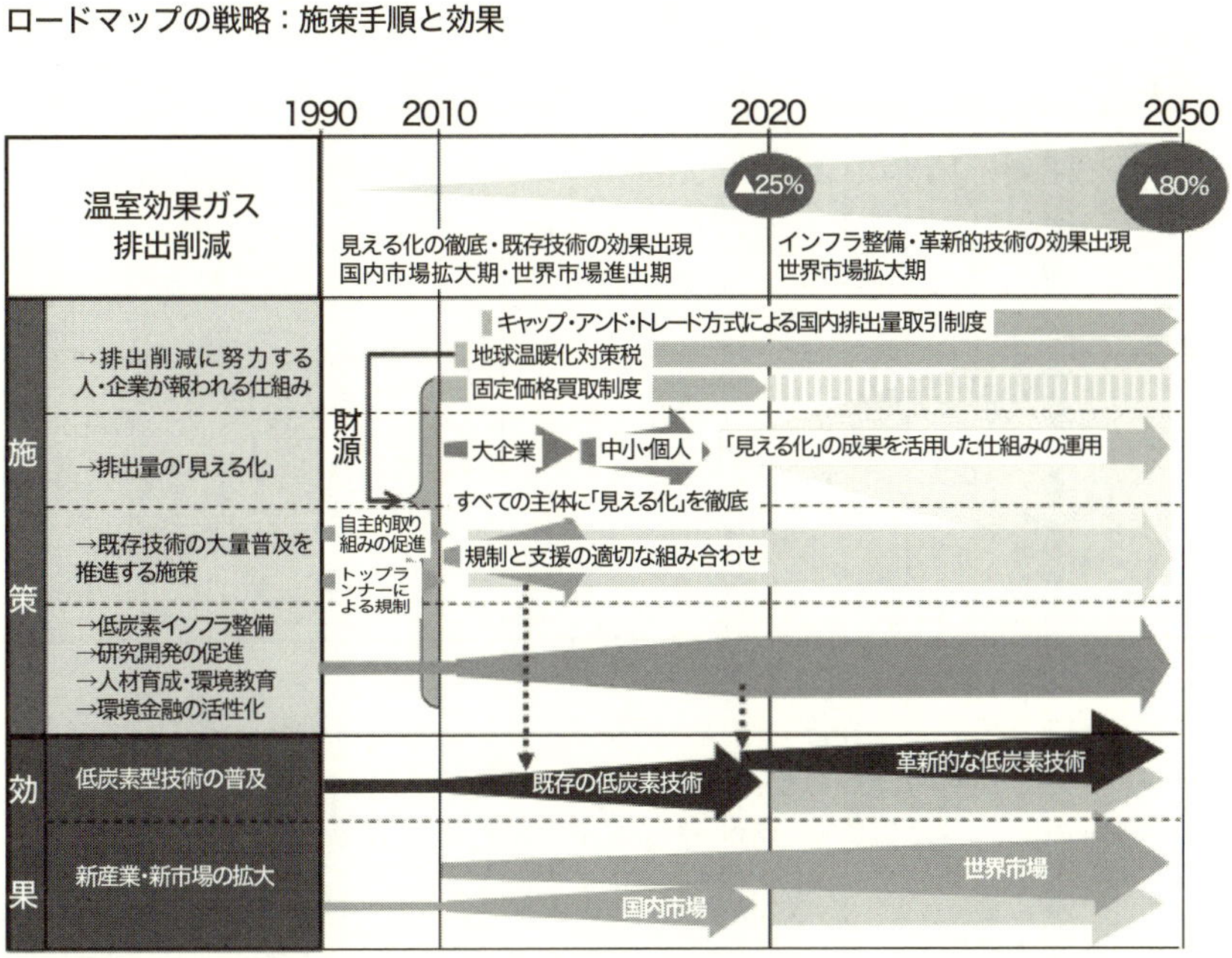

図11　ロードマップの戦略概念図
（出典：地球温暖化対策に係る中長期ロードマップ検討会（2010年3月））

描き、それぞれの分野でなすべき行動を示したのが「中長期ロードマップ」（図11参照）です。

●ロードマップ作業の開始

基本法案の実行可能性を裏打ちするために、２０２０年25%削減の可能性を示すロードマップ作成が２０１０年１月から開始されました。４月になって、この作業は、中央環境審議会地球環境部会のもとで「中長期ロードマップ」小委員会での検討に付されました。検討の前提となる将来ビジョンを検討するマクロフレーム、ものづくり、エネル

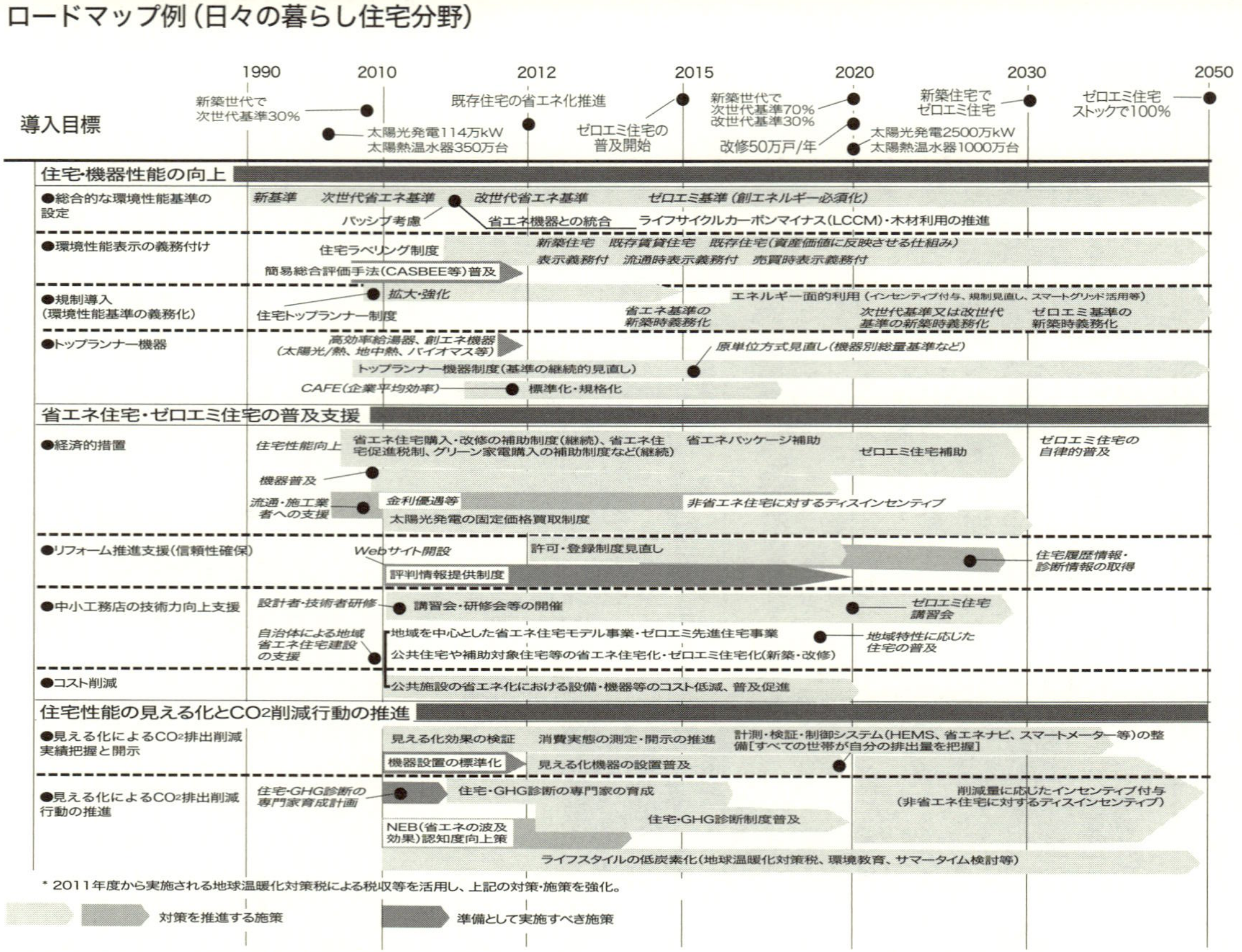

図12　日々の暮らし分野の技術導入・政策強化ロードマップ

出典：地球温暖化対策に係る中長期ロードマップ検討会（2010年3月）

ギー供給、住宅・建築物（図12参照）、地域づくり、農山魚村、自動車、そして計画を社会に実現するための手法を考えるコミュニケーション・マーケティングの8ワーキンググループが、大学・研究機関の研究者１００名によって形成され、生活関連、交通を含む地域、産業部門の２０５０年までの物的計画（Physical Plan）が作られつつあります。

こうしたロードマップのほかに、それを踏まえてどんなエネルギー需要・供給になるのか、そしてそれが２０２０年25％までの削減が可能か、２０５０年に50％削減の方向にいっているかを、整合性を持って示すためのモデル計算がなされています。

http://www.env.go.jp/earth/ondanka/domestic.html#a02

●25％削減の真水分は？

基本法に書かれた25％削減が、すべて国内での排出削減努力、いわゆる「真水」分といわれる削減だけで達成するべきか、その中に例えば途上国との技術協力によって排出枠をもらう分（ＣＤＭなど）や、海外取引市場で購入した排出量、さらには国内での森林保護で可能になる吸収源分を含むとするか、今まだ決定しているわけではありません。コペンハーゲンのＣＯＰ15で、こうした国際間移転やＲＥＤＤ（途上国森林等の保全で生じる排出減）や吸収の計算方法についての明確な取り決めがなされていないので、それらがどれだけ見込めるか、それらのコストがいくらになるのかの検討は今のところ難しい状況です。しかし、途上国との協力の必然性を考えると、幾分かは真水以外の分がなくてはならないと見られています。

ここでは、真水分１９９０年比15％、20％、25％削減の３ケースで検討を行っています。２００９年の麻生政権での中期目標は、１９９０年比８％でしたから、この削減３ケースの設定はかなり野心的です。全体政策の経済評価は、真水分達成に必要な費用とその他国外からの購入費用の総和で論じるべきですが、上述のような事情で、真水分の政策評価にとどまっています。

●部門別削減量と費用

ＧＮＰ年１・３％の伸びを前提として計算がなされています（図13参照）。もちろん、そのとおりに経済が進むかどうかはわかりませんが、国民全体での収入は増えます。しかし、その一部は温室効果ガス削減への投資に向けられることになります。また、素材生産量をほぼ現状に固定する（例えば、粗鋼生産量は２０２０年までほぼ１・２億トン）という前提での計算を基本としています。

しかしながら、政策を打つことによって価格体系が変わり、そのもとでの国民経済を最適化すれば、さまざまに産業構造が変わるのが普通だから、こうしたマクロフレーム可変とした場合の計算も行っています。固定するより、固定しないほうが選択のフレキシビリティが増すので、全体費用は安くすみます。今回の試算では、固定した場合は、約７―11兆円／10年コストが高くつき、粗鋼などの生産を下げるほうが国民経済的には得という結果が得られています。

●25％削減は技術的に可能だが、強い政策措置を必要とする

長期に80％削減するということは、そう生易しい仕事ではありません。２０２０年25％の削減

国内削減レベルに応じた部門別温室効果ガス排出量試算例（2020/2030年）

・2020年に、温室効果ガス排出量の1990年比25%国内削減は技術的に可能
・日々の暮らし（家庭･業務･運輸）の努力が大きく効く

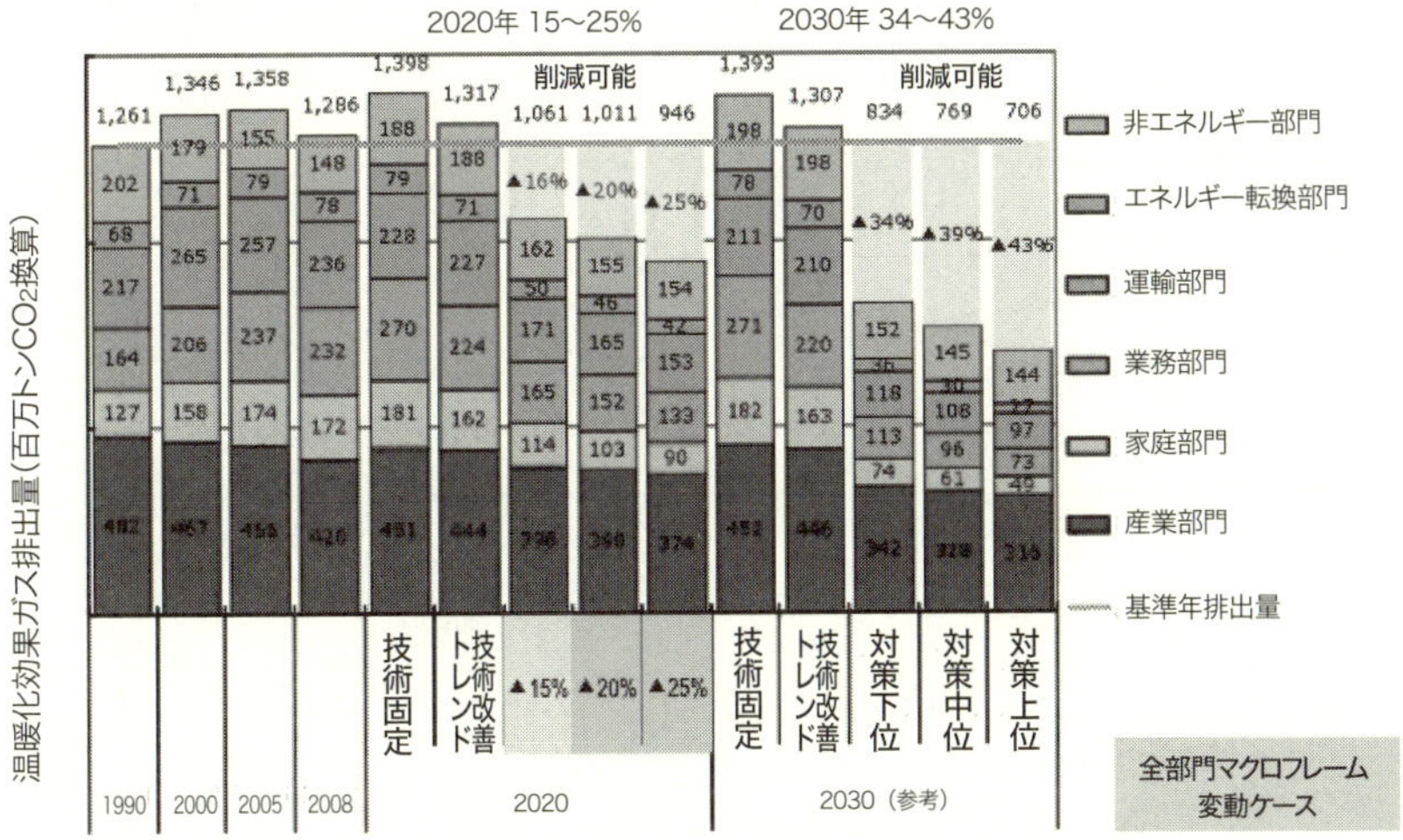

注）2020年 ▲15%・▲20%・▲25%：国内対策により、それぞれ1990年比15%・20%・25%削減したケース
2030年 対策下位〜上位：2020年▲25%に向けて排出削減のために、取り組んだ対策を2021〜2030年も継続して努力を行うことを想定し、2030年の排出量試算を実施

図13　ロードマップに基づく部門別削減量可能量試算例
（出典：地球温暖化対策に係る中長期ロードマップ検討会〔2010年3月〕）

という目標は、１９９０年から２０５０年に向けての直線的削減よりもやや削減不足の通過点なのです。麻生政権の８%減は直線よりさらに上方に外れていますから、２０５０年の目標に達するには２０２０年以降の大きな削減努力を必要とします。

　このことは、早めの削減がよいか、遅らせたほうがよいかという議論ですが、いずれにしても25%削減は日本の「最後の」チャンスであると言えましょう。後ろ向きの一部産業界と政府に引っ張られて、低炭素社

会への分かれ道で逡巡している間に、日本が誇る省エネ体質は、購買力平価（各国の価格水準に基づいて算出した、異なる通貨の間での交換レート）でのエネルギー強度（ＧＤＰ1単位当たりのエネルギー消費量）でみて英国やデンマークに抜かれ、新興国の追い上げも受けているのです。アジアの国々は挙げてグリーン成長を標榜し、先述したように中国は２０５０年に今と同じ二酸化炭素排出に押さえるシナリオを２０１０年9月に発表し、低炭素型発展に大きく舵を切り、太陽光パネル生産で日本を抜き去っています。

あらゆる投資を低炭素社会の方向に振り向けていかなければ、日本の産業は世界に置き去られることになるでしょう。それに、産業革命以来のエネルギー高依存技術社会から訣別して、ゼロエミッションに向けた低炭素社会へ向かわざるを得ないのは科学が示す必然なのです。それなら、ためらうことなくその先取りをして、国際競争で勝ち抜くしかありません。25％削減目標達成への道筋は、内発的革新で遅れを取り戻す「最後の」チャンスというべきことなのです。

25％削減は、なるべく国内努力でやるほうが国内産業や技術育成に良く、海外へのエネルギー代支払いも減らせます。とはいえ、途上国支援としてのCO_2削減量（クレジット）取得は、国際協力の一環として数％は必要になるので森林土壌による吸収分も数％見込めます。これらは、今後の削減交渉の調整弁として機能することになります。

いわゆる真水削減分は、１９９０年比15％から25％削減の幅に入ると思われますが、需要側の省エネがポイントです。エネルギー価格上昇を考えると、ＬＥＤ照明などを入れただけで得する技術は山ほどあります。ここでは、初期投資を軽減するリース業や融資システムが仕事になります。さらに、今後、取引市場ができ炭素に価格がつけば、ギリギリ採算に乗らなかった産業動力系の省エネ施設への投資が急激に増えるでしょう。今は高くても将来確実に主流になるスマートグリッドや高断熱住宅等には、研究開発費を惜しむべきではありません。

おわりに――豊かな国づくりの「最後の」チャンス

日本は今、少子高齢化、エネルギー価格高騰、新興経済国の台頭、資源枯渇、財政悪化などの状況変化に対応した新しい国づくりのときに来ています。今、低炭素社会の方向にあらゆる投資を振り向けていかなければ、日本は世界の流れに置き去られるでしょう。

25％目標は、世界の先頭を行く高齢化社会に向けた国づくりのよいきっかけともなるでしょう。低炭素社会への転換は、豊かな国づくりの「最後の」チャンスになるかもしれません。高い削減目標を掲げ、明確なロードマップを共有し、「最後の」チャンスを活かすときなのです。

参考文献

・西岡秀三（2010）：低炭素社会への挑戦：中期ロードマップの意味、『中小商工業研究』第104号、全国商工団体連合会（全商連）、PP24-35

・西岡秀三（２０１０）：低炭素社会に向けて取り組むべき12の挑戦、低炭素社会研究国際ネットワークベルリン会合（２０１０年９月20-21日）提出資料（原文英）
・西岡秀三（２００９）：低炭素社会の実現に向けて、『予防時報』２３７号、日本損害保険協会、ｐｐ・14-21
・環境省（２０１０）：中央環境審議会地球環境部会中長期ロードマップ小委員会提出資料
・西岡秀三（２００８）：『日本低炭素社会のシナリオ――二酸化炭素70％削減の道筋』、日刊工業新聞社、ｐｐ・１９５

第2章 グリーン・リカバリー ――低炭素社会へ向けた新成長戦略

石油文明崩壊に伴う構造不況

○地球の限界に突き当たった拡大路線

２００８年秋のリーマンショックが引き金になった世界同時不況からすでに2年以上が経過しますが、世界経済の回復はあまり芳しくありません。**表1**は、ＩＭＦ（国際通貨基金）の世界経済見通しですが、２００９年の落ち込みが大きく、10年から世界経済はひとまず回復に向かいますが、これは中国やインドなどの途上国の発展に支えられた回復です。日米欧の先進工業国に限って見ると、回復のテンポは鈍く、11年になってもＧＤＰ（国内総生産）の水準がリーマンショック以前の水準まで回復するかどうかは微妙なところです。12年以降も、思い切った対策がとられなければ、先進工業国の経済回復のテンポは微々たるものになるでしょう。

なぜなら、今度の不況は通常の循環型不況ではなく、エネルギー多消費型の産業構造や消費行

表1　IMF世界経済見通し　2010年7月8日発表、▲はマイナス、黒字は実績（見込み）、2011年は予想（単位％）
（出典：IMF統計）

	2008年	2009年	2010年	2011年
世界全体	3.0	▲0.6	4.6	4.3
先進国	0.5	▲3.2	2.6	2.4
日本	▲1.2	▲5.2	2.4	1.8
米国	0.4	▲2.4	3.3	2.9
ユーロ圏	0.6	▲4.1	1.0	1.3
英国	0.5	▲4.9	1.2	2.1
途上国	6.1	2.5	6.8	6.4
中国	9.6	9.1	10.5	9.6
インド	6.4	5.7	9.4	8.4

動、さらに化石燃料依存型のエネルギー構成比などの大幅な転換が伴わなければ回復が難しい構造不況だからです。通常の循環型不況なら在庫調整が終われば、放って置いても生産が増え、景気は自律回復に向かいます。

これに対し、構造不況はそれほど簡単ではありません。不況を招くに至った構造要因をしっかり突き止め、それを除去しない限り、景気は回復しません。

それでは、今度の１００年に一度といわれるような大不況は、なぜ起こったのでしょうか。一言でいえば、20世紀後半の「膨張の時代」に求めることができます。

表2は、１９５０年から２０００年までの20世紀後半の半世紀の間に、世界の主要経済指標がどのように推移したかを示したものです。

世界人口は、25億人から、61億人と２・４倍も増えました。世界ＧＤＰも３・８兆ドルだったのが、３０・９兆ドルと８・１倍も増えています。石油の消費も７・３倍と大幅に増えています。20世紀後半のわずか50年の間に、

表2　膨張の時代（1950年〜2000年）

（出典:『成長の限界 人類の選択』デニス・メドウズ他、ダイヤモンド社刊）

	1950年	2000年
人口（億人）	25	61（2.4倍）
GDP（兆ドル）	3.8	30.9（8.1倍）
石油（億バレル）	38	276（7.3倍）
発電量（億kW）	1.5	32.4（21倍）
小麦（億トン）	1.4	5.8（4.1倍）

人類誕生以来、消費してきたさまざまな資源やエネルギーの8割から8割5分を集中的に使ってしまいました。前代未聞の「膨張の時代」「狂気の時代」だったと言っても過言ではないでしょう。

この膨張の時代を経て、人類は豊かな社会を実現させましたが、同時に地球の限界に激突してしまいました。地球の限界とは、有限な地球の下で、資源を過剰に使い続ければ底を突きやがて枯渇してしまう、有害物質を自然界に過剰に排出し続ければ、環境破壊を引き起こす地球ということです。

有限な地球をあたかも無限であるかのように酷使し、「いけいけどんどん」型で経済を発展させる手法が、地球の限界に突き当たり、行き詰まり、今回の深刻な不況を招いたといえるでしょう。たとえて言えば、高速道路をガス切れ寸前の車で全力疾走し、ガス切れで突然エンジンが動かなくなってしまったような状態に似ています。

○石油文明の崩壊が原因の構造不況

文明史的視点で言えば、今度の世界同時不況は、20世紀の豊かさを支えてきた石油文明そのものの崩壊に原因が求められます。石油をジャブジャブ使って大量生産、大量消費によって豊かさを求める経済発展の時代は終わったということです。

アメリカのサブプライムローン（信用度の低い住宅ローン）の焦げ付きは、あくまでそのきっかけに過ぎませんでした。今度の不況は、金融危機が直接の引き金にならなくても、原油価格の暴騰、気候変動による大災害の発生などが引き金になっても、早晩起こるべくして起こった不況だったといえるでしょう。それ故に、経済回復のための対策、手法も、これまでとはまったく異なる発想、方法、手段が求められます。

今回の世界同時不況の対策を見ると、各国に共通した大きな特徴が見られます。それは「グリーン」（緑＝環境）が経済回復のための重要なキーワードとして登場していることです。アメリカのオバマ大統領は、09年1月、就任早々、「グリーン・ニューディール政策」を打ち出しました。イギリスやドイツなどのEU諸国、中国や韓国などのアジア諸国もいっせいに「グリーン」を不況対策の重要な柱に掲げました。日本も同様です。

過去の大不況を振り返ると、「グリーン」が景気回復の重要な柱、手段として登場したことは一度もありませんでした。今回が初めてです。なぜでしょうか。この謎解きのためには、歴史を少し振り返らなくてはなりません。

ハイカーボン グロウスとブラウン・リカバリー

18世紀後半イギリスから始まった産業革命は、それまで人手に頼っていた仕事を機械に置き換えることで生産性を飛躍的に高め、人類に豊かさをもたらしました。それを支えたエネルギーが石炭でした。産業革命期には蒸気機関が強力な動力源として登場し、工場での生産性を高めただけではなく、蒸気機関車、蒸気船などに利用され、輸送能力をこれまた飛躍的に向上させました。

江戸時代末期の１８５３年、鎖国の日本に突然、アメリカ東インド艦隊提督ペリーが軍艦４隻を率いて浦賀沖に来航し、日本に開国を強く迫りました。この時の軍艦が蒸気船で、当時の日本人は「黒船」と呼び、恐れ、巨大な蒸気船を前に開国以外の選択がないことを悟りました。

20世紀に入ると、石炭に代わって石油の人気が高まりました。そのきっかけをつくったのが、アメリカの自動車王、ヘンリー・フォードです。フォードは１９０８年にT字型フォードの生産を発表しました。当時、一部の裕福な人しか買えなかった自動車を一般大衆にも買えるようにしたいという信念で、１９１３年に低価格自動車を大量に生産するため、分業体制を徹底させたT字型乗用車の組み立て工場を完成させました。デザインも極力シンプルにしました。この結果フォード社は、23年までに年産２００万台を実現させました。

20年代後半に入ると、後発のGMが「いかなる予算にも、いかなる用途にも」を掲げ、フォードを急追し、アメリカ経済は石油と自動車を両輪にして、目覚しい発展を遂げます。

自動車が走るための全国道路網の整備、ガソリンスタンドの設置、郊外住宅の建設ラッシュ、ショッピングセンターの普及に伴って、モータリゼーションのうねりに弾みがつきました。火力発電による送電網の整備を背景に、家庭の電化も急速に進み、大型冷蔵庫、洗濯機、テレビなども短期間に急速に普及しました。豊かな社会の象徴である「アメリカン・ウエイ・オブ・ライフ」は世界の人々の羨望の的になりました。

第二次世界大戦後は、「アメリカに続け」を合言葉に、ヨーロッパや日本がアメリカ型の大量生産方式を取り入れ、自動車、造船、各種機械、石油化学、家電、エレクトロニクス、コンピューター、ＩＴ（情報技術）など幅広い産業分野が短期間に発展し、先進国を中心に20世紀の繁栄がもたらされましたが、それを支えたエネルギーが石油でした。石炭に代わって「石油様様」の時代がやってきました。

石炭や石油などの化石燃料を中心とした経済成長のことを「ハイカーボン グロウス」（高炭素型成長）と言います。膨張の時代もハイカーボン グロウスによって実現したものです。ハイカーボン グロウスは、短期間に経済を発展させることに成功しましたが、残念なことに発展の後に大量の荒廃地（ブラウン・フィールド）を残しました。いわば、自然環境破壊、資源収奪型の経済発展にその特徴があり、このタイプの経済回復のことをブラウン・リカバリー（茶色の回復）と呼んでいます。

産業革命以降、ごく最近まで人類は便利な化石燃料に過度に頼り過ぎたブラウン・リカバリーを続けてきました。その結果、急速な地球温暖化をもたらし、それが気候変動に大きな影響を与え、人類の脅威にまでなってしまったわけです。

デカップリング経済への道

○経済発展モデルの転換――ブラウン・リカバリーからグリーン・リカバリーへ

これからはブラウン・リカバリーに代わる新しい経済発展モデルを構築しなくてはなりません。それがグリーン・リカバリー（緑の回復）です。グリーン・リカバリーは、「ローカーボン・グロウス」（低炭素型成長）を目指すことによって、環境保全・資源循環型の新しい経済発展を作り出し、発展の後にグリーン（緑）を残す、さらにブラウン・フィールドをグリーン・フィールド（緑地）に再生するための新しい経済発展モデルです。

ブラウン・リカバリーとグリーン・リカバリーの違いを整理すると、**表3**のようになります。

それでは、ローカーボン グロウスを目指すためには、ハイカーボン グロウスを支えてきた既存の経済発展モデルをどのように転換させればよいのでしょうか。

そのためのキーワードが、「デカップリング」（decoupling）です。デカップリングとは、密接な関係にある2つの要素を引き離すことです。具体的には、CO_2の排出量を削減させる一方で、右上がりの経済成長を目指すことです。

表3　ブラウン・リカバリーとグリーン・リカバリーの違い（資料：筆者作成）

グリーン・リカバリーとは？

自然環境破壊、資源収奪型の経済社会の終焉

（ブラウン・リカバリー＝ハイカーボン グロウス→
発展の後に荒廃地〔ブラウン・フィールド〕を残す）

目指すべき方向 ↓

環境保全・資源循環型の低炭素社会目指す

・(グリーン・リカバリー＝ローカーボン グロウス→
発展の後に緑〔グリーン〕を残す）

図1は、18世紀後半、イギリスで始まった産業革命から今日までの約250年間、石炭や石油などの化石燃料と経済成長は極めて密接な関係を保ってきました。

経済成長するためには、大量に化石燃料を使わなくてはいけません。化石燃料を大量に使わなければ、高い経済成長は見込めません。つまり、経済成長と化石燃料とは切っても切れないほど深い関係、カップリングの関係にあったわけです。そして、化石燃料を使えばCO_2排出量は増加します。図のハイカーボン グロウス経済（略称「ハイカーボン経済」）をご覧ください。経済成長、化石燃料消費、CO_2の排出量が共に右上がりの直線で描かれており、両者は強いカップリング（結合）の関係にあることが分かります。

○経済成長は右上がり、CO_2排出量は右下がり

しかし、地球の限界に達してしまった現在、経済成長と化石燃料消費、CO_2の排出量の密接な関係を断ち切らなければなりません。それを実現させるための新しい経済発展モデルが、ローカ

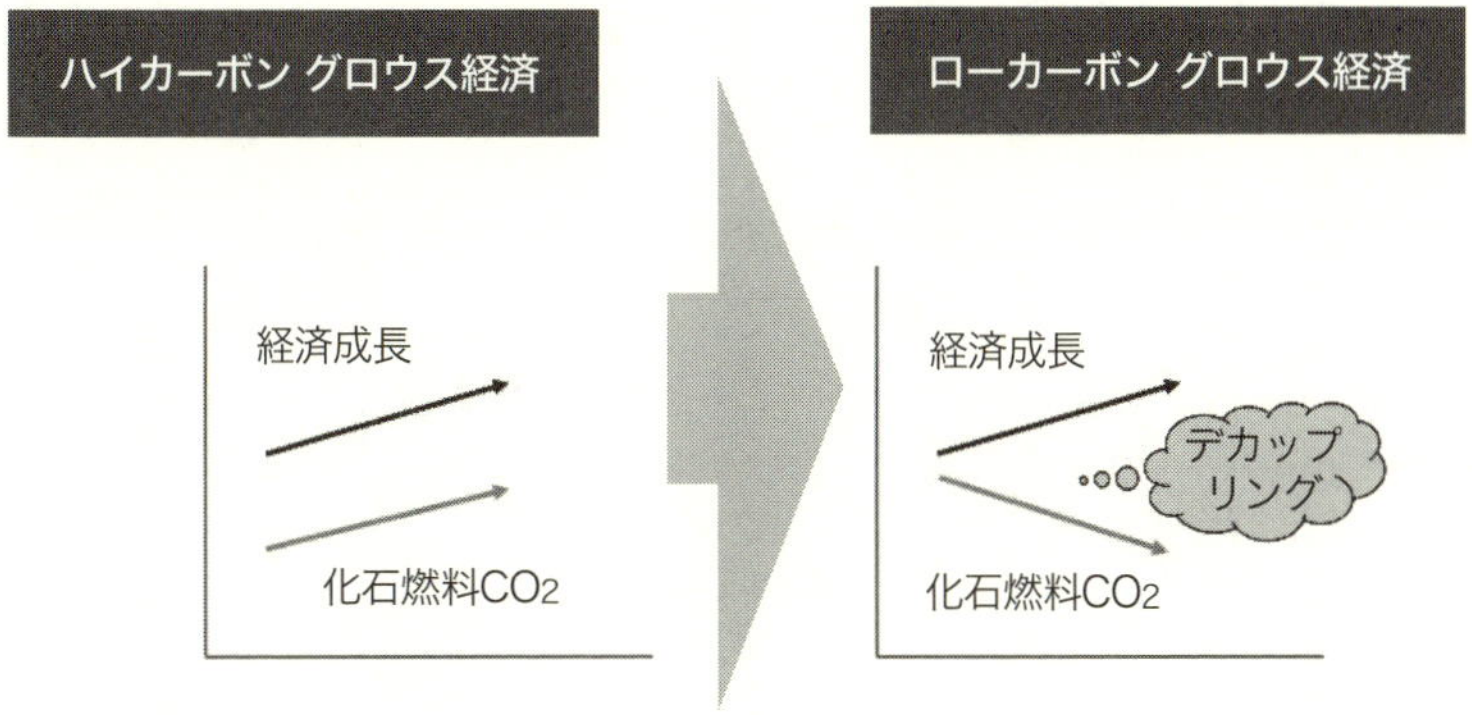

図1　経済発展モデルの転換（資料:筆者作成）

ーボン グロウス経済（略称「ローカーボン経済」）です。

ハイカーボン経済との最大の違いは、化石燃料消費（CO_2排出量）が右下がりに転じていることです。経済成長は右上がりの直線、化石燃料消費は右下がりの直線としてそれぞれ描かれています。時間の経過と共に両者の乖離は拡大しています。この「乖離」のことをデカップリングといいます（**図1**）。

一口に経済成長と化石燃料との関係を引き離すといっても、実際には簡単にはいきません。私たちは、化石燃料依存型のハイカーボン経済に250年間もの長い間、慣れ親しんできました。それだけに、化石燃料を伴わない経済発展などあり得ないと思い込んできました。化石燃料なしでは経済活動は成り立たない、と信じて疑いませんでした。無理もありません。化石燃料の使用を削減させながら、経済を発展させることに成功した事例は、過去250年の間、一度もなかったからです。過去にあり得なかったことが、これからはあり得ると柔軟に考えることは、正直難しいことだと思います。

しかし、この思い込みは果たして正しいのでしょうか。歴史を振り返ると、時代の変化はこれまでも不可能と思われることを可能にさせる不思議な力を持っていることがよく分かります。ハイカーボン経済が、地球の限界に突き当たり破綻してしまった現在、それに代わる新しい発展モデルとして、ローカーボン経済を構築していかなければならないことは、時代要請といえるでしょう。

○石油やCO_2の原単位の改善だけでは不十分

ローカーボン経済へのアプローチとして、産業界の一部で、石油やCO_2の原単位の改善に取り組む動きが盛んになっています。石油の原単位とは、1単位のGDPを作るために必要な石油の消費量のことです。1単位のGDPを作るために投入される石油が減少すればするほど、石油の消費量は少なくて済みます。このことを「石油原単位の改善」と言います。投入される石油が減れば、CO_2の排出量も減少します。

同様な発想から、「CO_2の原単位の改善」という考え方もあります。1単位のGDPを作るために、排出されるCO_2の排出量をできるだけ減らしていくという考え方です。石油の原単位も、CO_2の原単位も、考え方は同じです。石油をできるだけ効率的に使って経済発展を目指せば、当然CO_2の排出量を抑制することが可能になります。

しかし、このような原単位主義の考え方には、大きな欠点があります。それは総量規制が難しいことです。石油の原単位をいくら向上させても、ＧＤＰが拡大し続ければ、石油の総量が増えてしまい、それに伴ってCO_2もどんどん増えてしまいます。日本経団連を中心に産業界の間で、環境と経済の両立という考え方が強調されたことがありますが、この考え方はあくまで石油などの化石燃料を前提とした経済発展を想定しています。しかし、リーマンショック後の世界同時不況から脱出するためには、「環境と経済の両立」という壁を乗り越え、CO_2の排出総量を削減させるためのイノベーション（技術革新）、それを支える新しい投資や新規需要、さらにそのような動きを支援、加速させるための新しい制度の導入が必要です。それによって、CO_2の排出量は右下がり、経済成長は右上がりの新しい経済発展パターンを構築していかなければなりません。それがグリーン・リカバリーの考え方です。

○総量規制を可能にするグリーン・リカバリーの考え方

グリーン・リカバリーの基本的な考え方は、**図1**からも明らかなように、石油消費量（CO_2排出量）は右下がり、経済成長は右上がりになるような経済を実現することです。この経済モデルを実現させるためにはどうしたらよいでしょうか。

それは、「コロンブスの卵」に似ています。指摘されれば「なるほど」と思いますが、指摘されなければ、過去の常識が邪魔をしてなかなかアイディアとして思い浮かびません。

結論を先に申しましょう。石油消費（CO_2排出）を削減させるための様々なイノベーションとそれを支える新しい投資、需要を作り出し、それが右上がりの経済成長を可能にさせる新しい経済発展の仕組みを作ることです。具体的には、①石油消費を削減させるためのブレークスルー（現状打破）を伴うような様々なイノベーションを引き起こす、②イノベーションを誘発させるような様々な新しい制度を導入する、③衰退気味の農林水産業を再生し、環境配慮型の公共投資を推進する、などによって新しい投資、新規需要を作り出し、それによって右上がりの経済成長を実現させる経済モデルを構築することです。

「そんなモデルは過去に無かった」と過去の常識に縛られる産業人は反論するでしょう。しかし、「過去に存在しなかったものは、将来も存在しない」などと考えたら発明、発見による新しい発展などありえません。時代が必要とする発明、発見に支えられて社会は大きく変化してきたというのが歴史の教えるところです。温暖化対策に熱心なＥＵ諸国では、すでにデカップリング経済に挑戦し、その実現に成功する国が続々と誕生しています。

○デカップリング経済に成功したEU諸国

図2は、主要先進国のＧＤＰ（国内総生産）とＧＨＧ（温室効果ガス＝Green House Gass）が、90年から０７年までの17年間にどのように変化してきたかを示したものです。図からも明ら

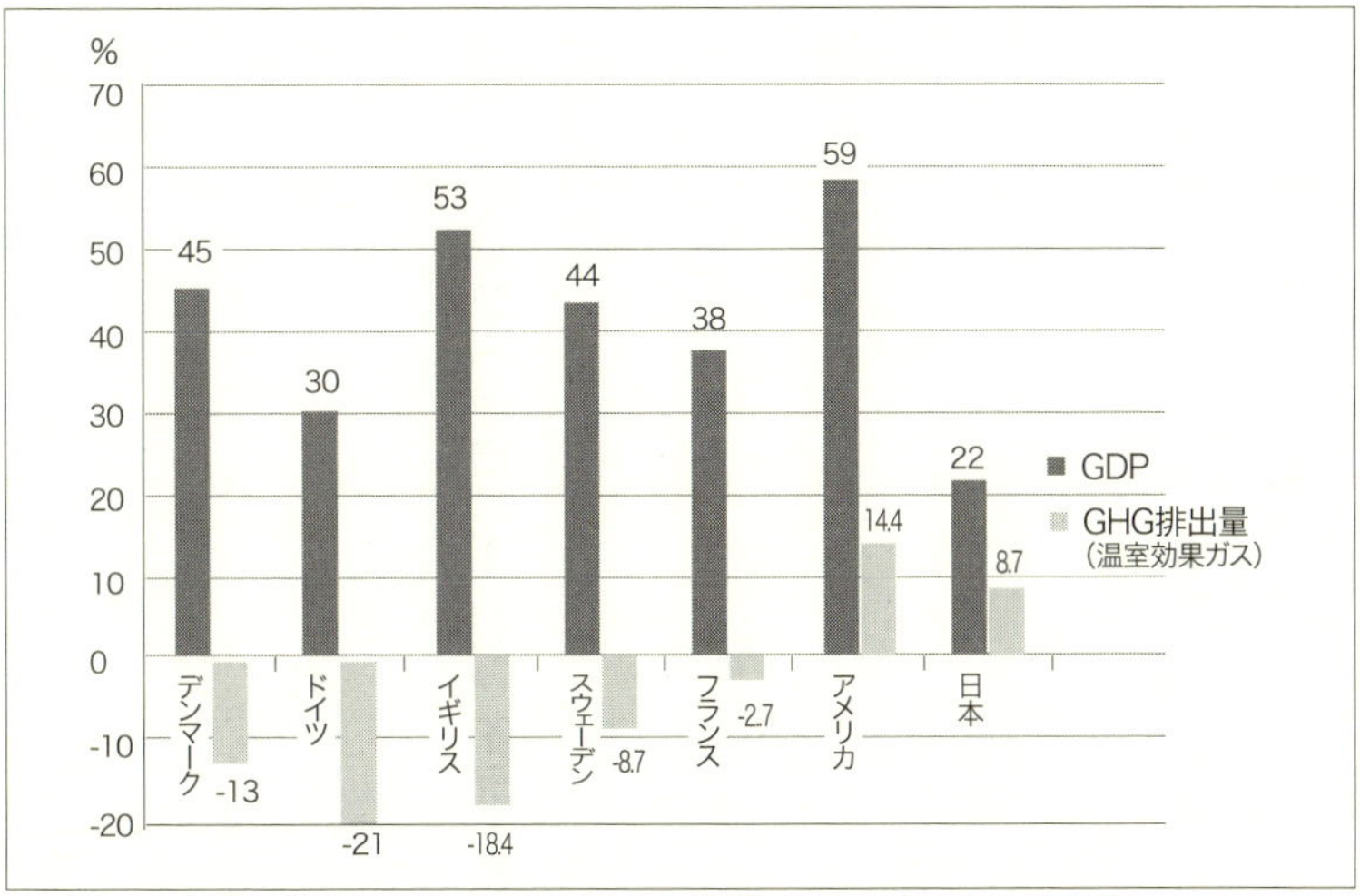

図2　主要先進国のＧＤＰとＧＨＧの推移（1990年〜2007年）
（出典：ベルリン自由大学環境政策研究所、IMF統計などから筆者作成）

かなように、１９９０年を基準年として、例えば、デンマークでは、ＧＤＰは45％増加しています。これに対しＧＨＧは13％減になっています。ドイツ、イギリスも同様にＧＤＰは増加、ＧＨＧは減少しています。化石燃料依存が比較的少ないフランスやスウェーデンでも同様の現象が見られます。これらの国では、すでにデカップリング経済に移行しているのがわかります。

一方、アメリカと日本は、ＧＤＰもＧＨＧも90年比増になっており、まだ20世紀型のカップリング経済から抜け出せていないことが分かります。同じカップリング経済から抜け出せないアメリカと日本ですが、両国の間には決定的な違いがあります。

アメリカでは01年にブッシュ氏が大統領に就任すると、同年３月には早々と「京都議定書」から離脱してしまいました。「環境よりも経済が大切だ」という理由からです。

京都議定書から離脱し、GHG削減の義務がなくなったアメリカは、大手を振り、石油を大量に使って、これまでと同様のやり方で高い経済成長を目指しました。その結果、GDPは90年比59％増、GHGも同14・4％増といずれも先進国最大の増加になりました。今の中国やインドもアメリカ型のカップリング経済の下で、GDPもGHGも増加を続けています。

○新しい経済への転換の遅れが、不況を長引かせる

日本の場合には、07年のGDPは90年比でわずか22％増、先進主要国の中で最低の成長率です。それにもかかわらずGHGは8・7％も増えています。京都議定書の6％削減を達成するためには、GHGの排出量を大幅に削減しなければなりません。6％削減が達成できなければ、条約違反になってしまいます。

このため、日本では「省エネルギー法」や「地球温暖化対策法」を毎年のように改正し、化石燃料の消費を厳しく抑制しようとしています。この結果、日本では化石燃料を使いCO_2の排出量を増やせば増やすほど、法律による規制が強まり、企業経営を圧迫するようになっています。そういう制度的な枠組みがすでにできあがっているため、企業にとって生残るためには、化石燃料依存度を低下させる経営が求められています。別の言い方をすれば、企業もデカップリング経営に移行しないと、削減コストが増え、安定した経営が成り立たない時代に入ったわけです。

○環境税の導入でエネルギー源の転換を促進

それでは、デカップリング経済への移行を成功させるために何が必要でしょうか。最も効果があるのは環境税の導入です。フィンランド、スウェーデン、ノルウェー、デンマークなどの北欧諸国は90年に入った頃から、温暖化対策として相次ぎ炭素税などの形で環境税の導入に踏み切りました。それを追いかけるように2000年前後には、ドイツやイギリスも環境税の導入に踏み切りました。課税の仕方はいろいろありますが、代表的な炭素税の場合は、排出された炭素1トン当たり5000円、1万円といったように課税します。課税によって、石油や石炭の消費を抑制することが目的です。

環境税の導入によって、化石燃料から再生可能でクリーンなエネルギーへの転換が促進されます。スウェーデンのケースを見てみましょう。

スウェーデンの場合、一般の家庭で使う電気は原子力と水力発電ではほとんどが賄われています。石油が主に使われているのは、暖房・給湯および輸送部門です。このうち、暖房・給湯用のエネルギーとして80年頃までは、ほぼ100%石油に依存していました。この分野のエネルギーを、石油から同国に豊富にある樹木などのバイオマスエネルギーに転換させるため、同国政府は90年以降、新たに環境税の導入に踏み切りました。**図3**が地域熱供給分野のエネルギー源別の環境税です。

図の見方ですが、縦軸は、1キロワット時（kWh）当たりの電気を作るために必要な費用

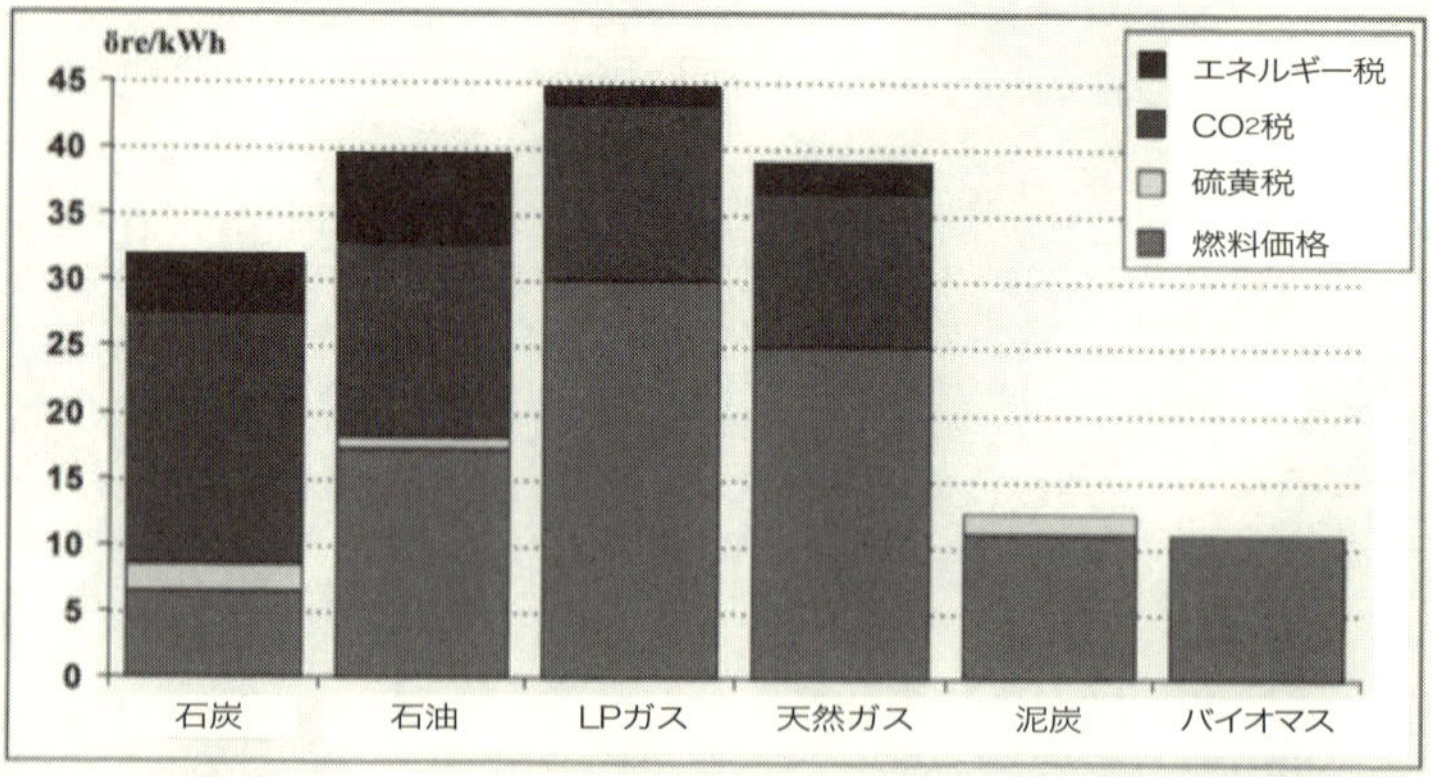

図3　環境税によるインセンティブ（窒素酸化物〔NO_x〕税を除く）
（出典：スウェーデン政府提供）

（コスト）です。単位は、「オーレ」（スウェーデン通貨、クローナの１００分の１）。横軸が、エネルギーの種類です。バイオマスの普及が目的なので、バイオマスには課税しません。図からも明らかなように、バイオマスで１ｋＷｈの電気を作るためのコストは約10オーレです。一方、石炭、石油、ＬＰガス等の化石燃料に対しては、さまざまな環境税が課せられています。硫黄税、CO_2税、エネルギー税などです。この結果、石油やＬＰガスなどの化石燃料を使うと、１ｋＷｈ当たりの電気を作るコストは、40オーレ近くに達し、バイオマスの４倍ぐらい跳ね上がってしまいます。４倍近くの価格差をつければ、バイオマスの需要が高まるのは当然です。

この結果、スウェーデンでは、２０００年頃には、暖房・給湯用のエネルギーは、95％以上がバイオマス、木質資源で賄われるようになり、エネルギー転換に成功しました。

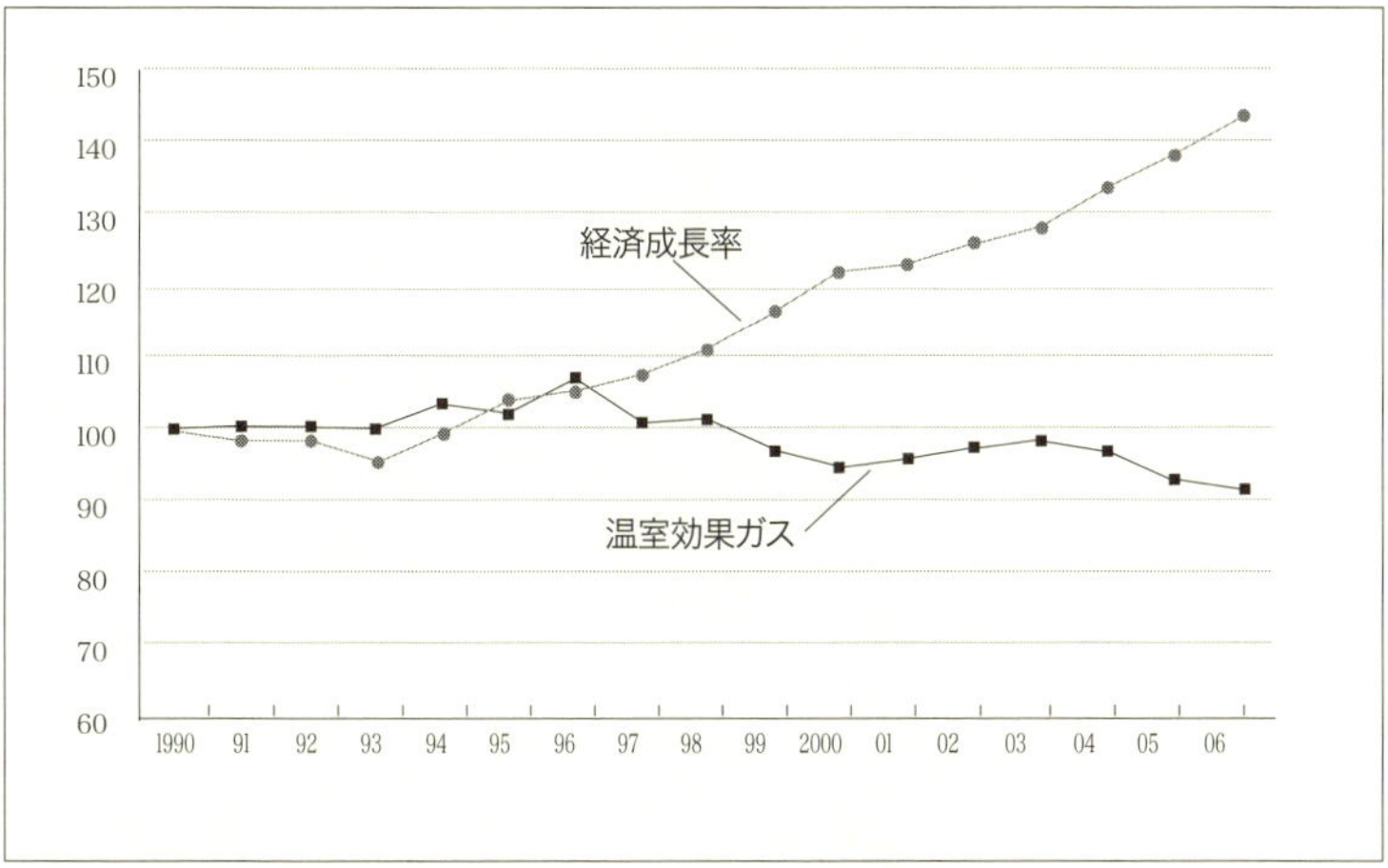

図4　スウェーデンのデカップリング（1990年＝100とした指数）
（出典：スウェーデン政府提供）

○効果が上がるまでにはタイムラグを考慮

デカップリング政策が効果をあげ、GDPは右上がり、GHGは右下がりが数字の上で確認できるまでにタイムラグ（時間差）があります（図4）。炭素税などの環境税を導入しても、その効果が目に見えるまでに6年、7年かかかります。スウェーデンの場合は、90年頃から環境税を導入しましたが、GDPが右上がり、GHGが右下がりに動きだしたことがグラフではっきり確認できるようになったのは97〜98年頃からです。2000年以降は、時間の経過につれて両者の乖離が拡大し、デカップリング経済が定着していく姿が分かります。

デカップリング政策としては、環境税の導入の他に、太陽光発電などの新エネルギー普及促進のための補助金支給、固定価格買取制度やCO_2排出量取引制度の導入、さらにイギリス・ロンドンやスウェーデン・ストックホルムのダウンタウンでは、車の渋滞を緩和させるための渋滞税の導入など様々な対策が実施されています。

ＥＵ主要国の場合、２０００年頃からＧＤＰは右上がり、ＧＨＧは右下がりが確認できるようになりました。

時代の大きな変化を受けて、産業革命以降、約２５０年ずっと続いてきたＧＤＰ、ＧＨＧともに右上がりの時代は終わり、ＧＤＰは右上がり、ＧＨＧは右下がりの新しい経済発展の時代、つまりデカップリング経済の時代が始まろうとしています。日本も今こそ、思い切ってデカップリング経済へ向けて大きく舵を切り換えていかねばなりません。

グリーン・リカバリーのための新成長戦略

○デカップリング経済への転換の3つの柱

図5は、デカップリング経済を実現させるための考え方と処方箋を示したものです。カップリング経済をデカップリング経済に転換させるためには、すでに指摘したように次の３つが大きな柱になります。

第1がイノベーション、第2が新しい制度設計、第3が自然再生。以下、３つの柱について、簡単に説明しましょう。

デカップリング経済への転換

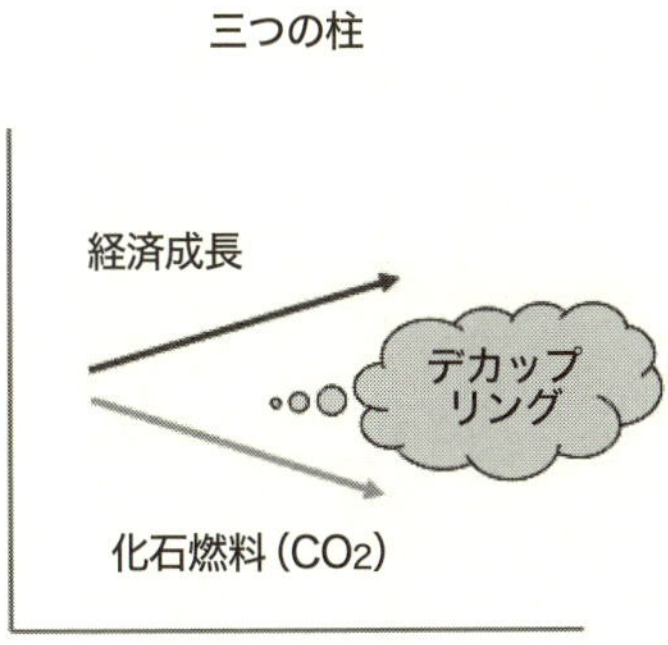

1.イノベーション
・新エネ技術（太陽光、太陽熱。風力、バイオマス、ヒートポンプ・・・）
・省エネ技術（軽薄短小技術、ＬＥＤ照明、ハイブリッド車、電気自動車・・・）
・リサイクル関連技術（廃棄物発電、リサイクル素材の活用）など

2.新制度設計
・環境税・インセンティブ税制
・補助金
・固定価格買取制度
・排出量取引制度

3.自然再生
・農林水産業の復活
・環境保全型公共投資など

図5　デカップリング経済を実現させるための考え方と処方箋

①イノベーション

CO_2を大量に発生させる化石燃料依存型の経済から低炭素型の経済に転換するためには、それを可能にさせるブレークスルーを伴うイノベーションが必要です。イノベーションがとくに期待される分野としては、新エネルギー技術、省エネルギー技術、リサイクル関連技術などが考えられます。

●新エネルギー技術

化石燃料に代わる再生可能でクリーンなエネルギーとしては、太陽光発電、太陽熱発電、風力発電、バイオマス発電、地熱発電、小水力発電などが主なものです。

経済産業省の定義する新エネルギーには入っていませんが、燃料電池（水素と酸素の化学反応で得られるエネルギー）やヒートポンプ（大気や水の温度差を利用したエネルギー利用）なども化石燃料に代わる次世代の有力なエネルギーとして注目されます。

これらの新世代エネルギーが、どこまで化石燃料に置き換われるかが、デカップリング経済への転換の大きな試金石になります。

●省エネルギー技術

産業革命以降、製造業や輸送業は化石燃料に多くを依存してきました。石炭や石油が大量に存在し、価格も安かったこともあり、化石燃料の燃費効率改善の発想は、地球温暖化問題が登場してくるまで、企業の間であまり高い関心は払われてきませんでした。

しかし、時代は大きく変わり、CO_2対策が強化される中で、企業の省エネ化の動きは急速に高まっています。技術的には、重厚長大型技術から軽薄短小型技術へ転換することで省エネ化を推進することが可能です。バーナーなどの燃焼装置の分野でも様々なイノベーションが起こっています。

家電業界では、今世紀に入った頃からデジタル革命が急速に進みました。薄型テレビの登場をはじめ、エアコンや冷蔵庫などの製品もデジタル革命によってエネルギー効率は大きく改善しました。

輸送部門では、CO_2の排出が少ない天然ガス車の登場、ガソリンエンジンとモーターを併用したハイブリッド車、さらに走行時にCO_2排出ゼロの電気自動車などの環境配慮車の開発・普及が急速に進んでいます。

オフィスビルや個人住宅などの分野では、太陽光発電の設置や省エネ型の断熱材を活用することで省エネ住宅、CO_2排出ゼロのゼロエミッション住宅などが続々と開発されています。

●リサイクル関連技術

日常生活や経済活動によって毎日大量の廃棄物が排出されます。鉄などの金属性のスクラップ類は、一次加工済みなので、スクラップを再生して使うと省エネになります。例えば、粗鋼1トンを生産する場合、バージン原料の鉄鉱石を高炉で溶かして作る場合のエネルギーを100とすると、スクラップ鉄を集めて作る場合のエネルギー量は3分の1程度で済みます。銅やアルミについても、スクラップを使うと大幅な省エネになります。この分野でさらに大きなイノベーションが起これば、さらに省エネに貢献します。鉄スクラップのような資源ごみを別にすれば、プラスチックごみなどの廃棄物の多くは、焼却処理されます。

また酪農経営に当たっては、牛やブタの排出物の処理が大きな問題になっています。これらの廃棄物をエネルギーとして有効に活用するためのイノベーションも大切です。例えば、北欧諸国では、廃棄物の焼却に伴って発生する熱エネルギーを地域の暖房や給湯に使っており、一部は発電にも利用しています。日本でも、廃棄物処理に伴って発生する熱エネルギーを温水プールや冬場の暖房に活用するケースが増えています。牛やブタの排出物からメタンガスを取り出し、利用する試みも始まっています。廃棄物の焼却やメタンガスの燃焼でCO_2も排出されますが、石油を使う場合と比べれば、省エネになります。

②新制度設計

ハイカーボン経済をローカーボン経済へ転換させていくためには、それを可能にさせるための新しい制度が必要です。新しい制度は、化石燃料の消費を抑制、低下させること、化石燃料に代わる新エネルギーの開発・普及を促進させること、省エネ支援などを税制面からバックアップするための制度です。

具体的には、環境税・インセンティブ税制、補助金、固定価格買取制度、CO_2の排出量取引制度などの導入が求められます。

●環境税・インセンティブ税制

環境税は、所得税や法人税のように税収を目的とした税ではありません。エネルギー多消費型の産業構造、消費行動、化石燃料依存型のエネルギー構成などを思い切って転換させるための税です。

環境税の導入に当たっては、税収目的の税と区別するために、バッズ課税、グッズ減税の原則を貫き、税収中立（増税と減税を差し引きゼロにする）を維持することが大切です。バッズ課税とは、環境に負荷を与えるような行為に対しては課税すること、グッズ減税とは正当な経済活動で得た所得などを減税することです。

例えば、自動車のグリーン税制の場合、CO_2の排出量の多い車に対して税率を高くして、そこから得られる税収で、排出量が少ない車の税率を低くする制度がEU諸国では実施されています。

日本でも規模は小さいが、同様のグリーン税制が実施されています。

炭素税の場合も、ドイツなどでは、それで得られた税収を社会保険の料率引き下げに振り向け税収中立を貫いています。環境税の導入に当たっては、「環境税は増税ではなく、課税対象を変える税制改革で税収中立」であることを広く国民に理解してもらうことが大切です。

一方、インセンティブ税制としては、新エネや省エネなどに取り組む企業に対しては、一定期間課税を免除するとか、優遇的な減価償却制度を適用し、企業が積極的に新エネや省エネに取り組めるように税制面からバックアップする制度も必要です。

●補助金

政府が新産業、新技術開発などを支援する場合、事業所や個人に支給する助成金です。補助金は、初期需要を喚起するためには効果的な政策です。通産省（現経済産業省）は94年から太陽光発電の普及促進のため補助金制度を導入しました。

導入当初は、１件当たりの太陽光システム価格７００万円の半分近くを助成しましたが、その後、設置希望件数が急増し、補助金額も大幅に減少し、05年に補助金制度は打ち切りになりました。その時の補助金は、システム価格２３１万円に対しわずか7万円まで低下、補助金の意味がなくなっていました。補助金制度は市場メカニズムに連動していないため、補助金が打ち切られると途端に需要が途切れてしまうなどの問題があります。

●固定価格買取制度

新エネルギーの普及・促進を図るため、電力供給会社が火力発電で作られる電気よりも太陽光発電や風力発電で作られる電気を、高い価格で一定期間買い上げることを保証する制度です。

ドイツでは、２０００年に自然エネルギー法（ＥＥＧ）を制定し、固定価格買取制度を導入しました。この結果、太陽光発電が急速に普及し、それまで太陽光発電の発電容量で世界一だった日本は、04年には単年ベースで、05年には累積ベースでドイツに世界一の座を奪われてしまいました。スペインでも、固定価格買取制度の導入で太陽光発電の発電容量が急増しました。

後で述べるように、日本も補助金一辺倒の普及対策を反省し、固定価格買取制度の導入に踏み切りました。

●排出量取引制度

CO_2の排出量を市場で自由に売買する制度です。CO_2の排出削減費用（コスト）は、国によって、企業によって大幅に異なります。国ベースで比較すると、$CO_2$1トンを削減する費用は、1万円を超える国もあれば、１０００円程度の国もあります。

CO_2は大気の構成物質として地球の周りを回っているので、同じ1トンのCO_2を削減するなら、コストの安い国、地域、企業で削減した方が安上がりです。自社よりも他社の削減コストが安ければ、自社で削減するよりも、他社にお金を払って、CO_2削減量（クレジット）を購入した方が安上がりです。他社も削減コストを上回る収入を手に入れることができ、売買当事者双方が得をします。

企業が自由にCO_2排出量を取り引きできる市場があれば、単独で削減するよりも、社会全体の削減コストは安くなります。

このような考え方から、ＥＵ（欧州連合）は05年から欧州排出量取引制度（ＥＵ−ＥＴＳ＝Emissions Trading Scheme）をスタートさせています。日本では東京都が10年度から、20年までにCO_2を２０００年比17％削減する目標を達成するため、大規模事業所を対象に排出量取引制度の導入に踏み切りました。アメリカでも導入の準備をしています。

③自然再生

●農林水産業の復活

戦後の日本は、経済発展のために近代工業の育成、工業製品の輸出を重視してきましたが、その一方で、農林水産業を犠牲にしてきたという経緯があります。

最近の農林水産業は、人手不足、人口の高齢化などを背景に一段と衰退し、農地や林地の荒廃が進んでいます。日本の耕作放棄地は、耕地面積の10％近くに達しています。国土面積の約70％を占める森林のかなりの部分が、間伐や枝打ちなどの管理が人手不足で行われず、荒れるに任せています。このため、農林水産物の自給率は、他の先進国と比べ、かなり低水準になっています。食糧自給率はカロリーベースで40％前後。木材の自給率は20％程度、魚介類は55％程度です。

これから地球温暖化によって異常気象が常態化してくると、食料品などを過度に海外に依存していると大変な窮地に追い込まれてしまう恐れがあります。日本の酪農は家畜飼料の大豆やトウモロコシの9割近くをアメリカに依存しています。アメリカの穀倉地帯が大干ばつに襲われ、トウモロコシなどの生産が落ち込めば、日本の酪農は壊滅的な打撃を受けかねません。農林水産物の自給率を高めることは、失われ、荒廃した自然再生につながるだけではなく。雇用を増やし、地域の活性化を促すことにもつながります。

●環境保全型公共投資

日本の道路の多くは、公共投資の代表格で産業道路として建設されてきました。歩行者（一般国民）が、産業道路を横断する場合、高架の歩道橋や地下道を通るように作られたものが目立ちます。自動車が主役で、歩行者が脇役であるような道路は豊かな国民生活のためには好ましくありません。国民の満足度を高めるためには、歩道や自転車道を整備、拡充する必要があります。

また70年代から80年代にかけて、全国一律に実施された3面コンクリート張りの河川改修事業は、河川の下水道化、川辺の生態系破壊、景観の悪化など様々な弊害をもたらしています。治水対策が目的でしたが、最近では自然の流れを取り戻すため、3面コンクリート張りの河川を再び元の自然な河川に改修する活動も盛んになっています。

さらに下水道普及率の向上、水道・電気・ガスなどのライフラインを地下にまとめて収納する共同溝の整備も必要です。これからの公共投資は、豊かな国民生活を支え、自然再生につながる分野に比重を移していかなければなりません。これらの分野は、これまで手薄だったため、本格的に取り組めば、大きな需要が見込まれます。

○グリーン・リカバリーへの道

以上、グリーン・リカバリーのためにはデカップリング経済への転換が必要だとして、それを実現させるための３つの大きな柱について説明してきました。それでは、３つの柱をどのような方法で国の政策に反映させていけばよいのでしょうか。そのきっかけはどこにあるのでしょうか。

政府は、２０１０年３月12日の閣議で「地球温暖化対策基本法案」を決め、国会に提出しました。実はこの基本法こそ、デカップリング経済へ転換するためのまたとないきっかけになる法律です。基本法は中長期的視点に立って、温室効果ガス（ＧＨＧ）排出の大幅削減を目指したための法律です。

ところが、その後、民主党内の首相交代劇などのごたごたがあり、６月中旬に閉会した通常国会では審議未了で廃案になってしまい、秋の臨時国会で再度提出しましたが、継続審議になってしまいました。民主党政権では、２０１１年春の通常国会で同法案の成立を目指す方針です。

表4　地球温暖化対策基本法案の骨子
（出典：環境省資料）

地球温暖化対策基本法案

▽中長期目標

20年までに２５％、50年までに80％削減（90年比）

▽対　策

1.キャップ＆トレード方式による国内排出量取引制度
2.地球温暖化対策税の導入（11年度から）
3.全量買取方式の固定価格制度の創設
4.一次エネルギー供給に占める再生可能エネルギー比率10%（20年目標）

表4は、地球温暖化対策基本法案の骨子です。基本法案には、国際的な枠組みの構築などを条件にして、温室効果ガスの削減目標として、90年比で、20年までに25％、50年までに80％削減することが記載されています。この目標を達成するための具体的な対策として、

①キャップ&トレード方式による国内排出量取引制度の創設
②地球温暖化対策税の11年度からの実施
③再生可能エネルギーの全量固定価格買取制度の創設
④1次エネルギー供給に占める再生可能エネルギーの割合を20年には10％に引き上げる

などが盛り込まれています。

以上の内容からも明らかなように、基本法案には日本がデカップリング経済に転換するために必要な基本的な対策がほとんど盛り込まれています。基本法案が成立すれば、直ちに地球温暖化対策基本計画が作成され、目標達成に向けて動きだすことになっています。

○温暖化対策基本法は最大の景気対策法

このような視点から見ると、地球温暖化対策基本法は、今の日本に必要な最大の景気対策法と位置づけることができます。これまでの日本では、不況になると、「総額○○兆円の景気対策」などと銘打って、財政支出を増やし、道路などの公共投資を拡大させ、景気浮揚策を実施してきました。しかし90年以降、そうした方法では効果が上がらず、財政赤字を危機的水準まで拡大さ

せてしまいました。化石燃料に依存した「いけいけどんどん」型の成長が、地球の限界に直面し、破綻してしまった今日、これまでのような需要拡大策では、景気を回復させることはできません。

石油消費（CO_2排出）を削減させるためのイノベーション、それを支える新しい制度の導入、農林水産業の復活などによって新しい投資、新しい需要を創出することで、右上がりの成長を達成するデカップリング経済へ日本を大きく転換させることが、唯一の効果的な景気対策です。企業も、積極的に経営を転換させなければなりません。

過去の成功体験に縛られて、現状維持路線にこだわることは、乾いた雑巾を絞るような非効率な路線であり、日本経済も企業も衰退の坂道を転げ落ちてしまいます。１９９０年から今日までの約20年間、実質経済成長率が年率１％程度、今世紀に入ってからは、名目ベースがマイナス成長で低迷してしまったのは、現状維持路線にしがみつき、新しい変化に積極的に対応してこなかった結果です。現状維持路線を続ければ、これから20年までの経済成長率は、年率ゼロ成長かマイナス成長で低迷する可能性が極めて高いといえるでしょう。

地球温暖化対策基本法案を早期に成立させて、グリーンの分野にヒト、モノ、カネを集中的に投入することで、景気・雇用の回復、低炭素社会の実現を目指すことが、今の日本にとって最善の選択なのです。そして、このような新しいタイプの景気回復こそグリーン・リカバリーにほかなりません。

かえ

PART 2

25%削減の温暖化防止行動に向けた取り組みとは

第6章　CO_2大幅削減を実現する
ヒートポンプ技術の動向

佐々木正信　財団法人ヒートポンプ・蓄熱センター業務部課長

第7章　家庭用温暖化防止対策の切り札、
エネファーム

里見知英　燃料電池実用化推進協議会（FCCJ）企画第２部長

第8章　暮らし方・住宅づくりでの
地球温暖化防止

濱 惠介　エコ住宅研究家 大阪ガス株式会社エネルギー・文化研究所顧問

第9章　天然ガストラックの導入で
地球温暖化防止

日山欣也　佐川急便株式会社本社東京本部 総務部環境推進課長

第10章　水とエネルギーの
持続可能な利用の実現に向けて

山村尊房　NPO法人日本水フォーラム

る

第1章　フードマイレージへの取り組み

アスパラガス1本で、クールビズ7日分

マイバッグを持ち、冷暖房を弱めに調節し、通勤に自転車を使ったり歩くような「エコな人」が、オーストラリアのアスパラガス、メキシコの豚肉、アメリカの小麦粉のパン、それにフランスワインといった食事をして何の抵抗もない、というようなことがよく見受けられます。

これらの食品を、すべて国産のものに切り換えたとしたら、ずいぶん二酸化炭素の量を削減できるのではないでしょうか。

輸入農産物を運ぶには、日本は海に囲まれた島国ですから、船か飛行機ということになります。しかし、船や飛行機を動かすエネルギーには、化石燃料が大量に使われます。日本が食べ物を輸入している国々は、かなりの距離があり、運んでくる過程で大量の二酸化炭素が排出されるのです。

一方、国産のものも、産地から市場やスーパーマーケットに運ぶには、トラック等を使います。やはりガソリンを使い、二酸化炭素を排出しています。

しかし、この両者の二酸化炭素排出の量を比べると、かなりの差があるのです。遠くから運べば、それだけ二酸化炭素の量も多くなる。したがって、食品を、すべて国産のものに切り換えたとしたら、ずいぶん二酸化炭素の量を削減できるのではないか。

例えば、冷房温度を26℃から28℃、２℃だけ上げてネクタイもはずすという運動が「クールビズ」ですが、これを丸一日実行して節約できる二酸化炭素の量は、80グラムです。

一方、アスパラバス1本をオーストラリアからの輸入のものから北海道産のものに変えて東京で食べるとします。その場合、何と５３０グラムの二酸化炭素が節約できるという計算があるのです。何と1本のアスパラガスを国産にするだけで、クールビズを７日間も実行したことと同じになるのです。

食料の輸入が、いかに環境に負荷をかけているかがわかるのではないでしょうか。

もちろん、クールビズも続けていきたい取り組みですが、「同じものを食べるなら国産の食料を選ぶ」だけで二酸化炭素が削減でき、温暖化防止につながるということを、もっと多くの人々に知ってもらいたいと思います。

食べものたちの遥かなる旅の果て

「安いからといって、毎日食べるものを地球の裏側から持ってくるのはやめるべきだ」という考え方が、１９７０年代のイギリスで支持され始めました。そして、各国の食材の輸入について、客観的な数値が示されるようになり、「フードマイレージ」という言葉が使われるようになりました。日本でも近年、フードマイレージという言葉はいろんなところで聞かれるようになりました。フードマイレージとは、「食べもの（＝ｆｏｏｄ）の輸送距離（＝ｍｉｌｅｓ）」という意味の造語です。

１９７４年、イギリスの消費者運動家、ティム・ラング教授が提唱したのが始まりで、日本では２００１年、農林水産省農林水産政策研究所が初めて導入しました。輸入相手国からの輸入量と距離（国内輸送を含まず）を掛け算した値です。そこに自給率の割合を掛けるやり方もあります。数値が高いほど、食べものがより遠くから輸入されているということになります。

２００１年の、人口１人当たりのフードマイレージの国別の数値をあげてみましょう（**図1**参照）。

先述したように、食べ物を輸送するには、飛行機や船、あるいは列車やトラックを使います。すなわち、二酸化炭素の排出量が多くなり、ひいては地球温暖化につながっていくことになりま

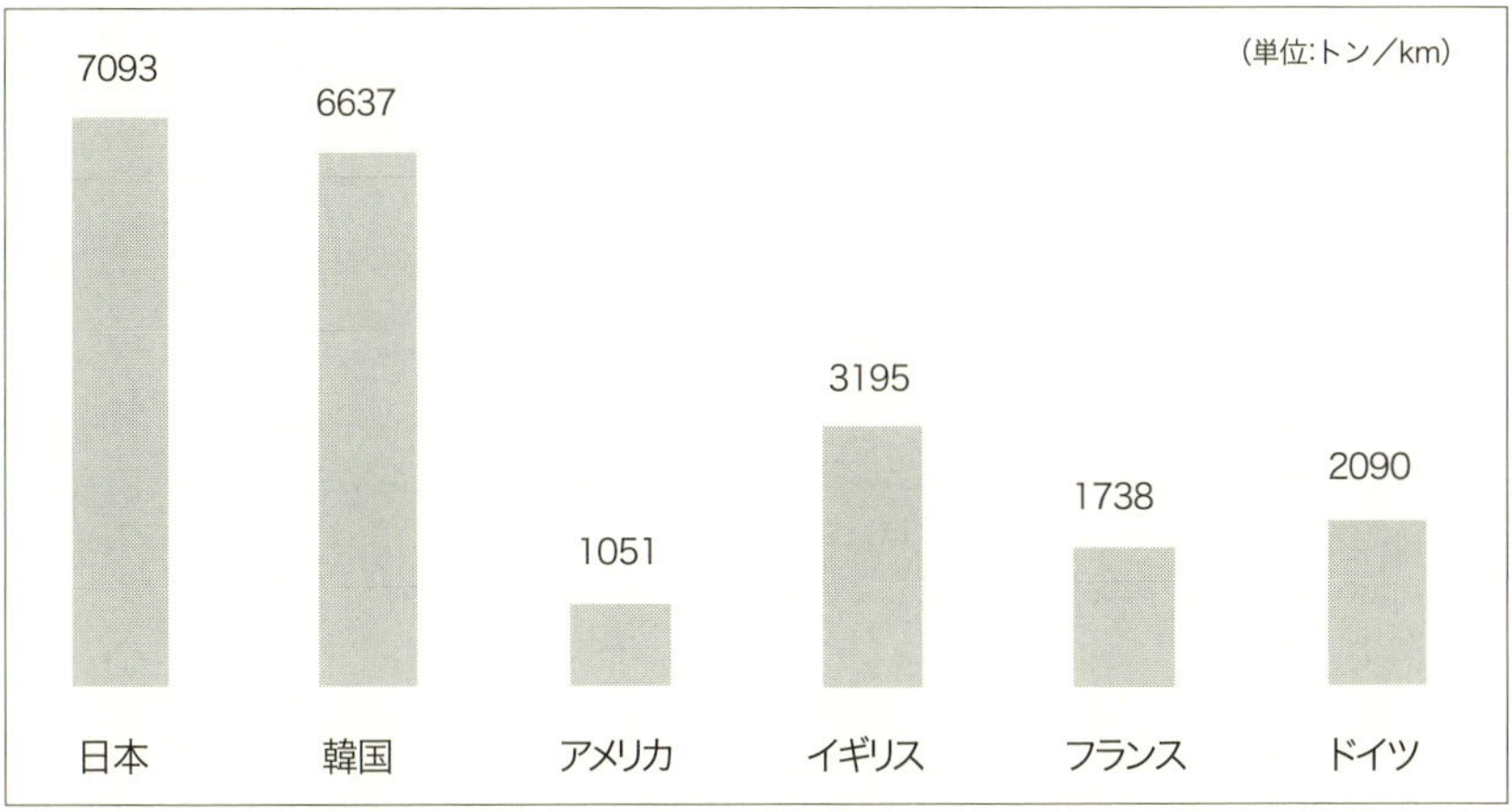

図1　人口1人当たりのフードマイレージの国別数値（2001年度　農林水産省調べ）

す。つまり、この値が大きいほど地球環境への負荷が大きいということになるのです。

日本は、断然、不名誉なトップを走っています。アメリカの7倍、イギリスの2倍という数字に驚かされます。この数値は「人口1人当たり」ということになっていますが、年間の総量でいうと、日本は、９０００億トン／キロメートルを超えるのです。韓国やアメリカは約３０００億トン／キロメートル、フランスは約１０００億トン／キロメートルですから、これも各国を遠く引き離していることがわかります。

この数値は、食料自給率とも連動するもので、自給率が40％程度の日本と、１００％を優に超えるアメリカやフランスとの食料事情の違いに今さらながら愕然としてしまいます。

また、輸入農産物は、輸送の際に二酸化炭素や有害物質が排出されるだけではなく、他にも問題があります。一部の畑では、農薬も多く使われていますし、収穫後の薬剤散布が行われる場合もあるのです。

食材の輸入は、経済効率と貿易均衡という観点から増大してきました。安全性は二の次だったのです。そこには、食べ物が「生命」であり、また人の身体という「生命」を養うものだという観点は、あまり重要視されませんでした。ひいては地球全体の環境という大きな「生命」もまた視野の外に置かれていたのです。

今、地球全体で、多くの生物が深刻な危機に立たされるに至って、食べものと農業をめぐる環境にも目が向けられつつあります。いくら経済が豊かになっても、生命が尽きてしまうのではまったく本末転倒だという事実に、多くの人が気づき始めたのです。

「ポコ」を貯めて「エコ」

しかし、頭ではそういう状況をわかっていたとしても、実際の行動はどうでしょう。今日のランチに何を食べるかというとき、その瞬間の行動はどうなるのでしょう。

今日は急いでいるから、忙しいから、手近にあるから、給料日前で節約したいから、などの理由で、「安くて手軽な食事」に向かってしまうのではないでしょうか。その食材がどこから来たものか、思いを馳せる余裕もなく。

確かに、毎日の自分の食事が、具体的に地球環境問題とどの程度係わっているのか、危機感をもって感じることは難しいことです。今、国産を選ぶとして、それで二酸化炭素排出とどのくらい関係があるのかも実感がわかない、というのも正直なところでしょう。

「フードマイレージ」は、１つの食材がどのくらいの二酸化炭素を排出しているのかを計算できる仕組みになっています。しかし、ただ二酸化炭素の量が何グラム削減できるという表示では、やはりどうも親しみがわきません。また、外食時に二酸化炭素の量がそのまま表示されているのも、なにやら食欲がそがれるような気がしますね。

大事なことだと頭でわかっていることでも、おもしろみに欠けたり、楽しくないと人の行動は変化をしたり、定着していかないものです。また、感覚的、生理的に受け入れられない行動は、続いていきません。食べるときに楽しい気分を持ちつつ、しかし地球温暖化という深刻な問題にも向き合いたい――。

そんな思いから、私たちは、「二酸化炭素１００グラムを減らすこと」を「１ｐｏｃｏ：１ポコ」という単位に置き換えることにしたのです。「ｐｏｃｏ」は、イタリア語やスペイン語で「小さい、少し」という意味です。「ｐｏｃｏ ａ ｐｏｃｏ」という言葉がありますが、これは「ちょっとずつ」という意味です。私たちの行動で、ちょっとずつでも二酸化炭素を減らしていきたいという思いもあって単位として採用しました。

また、ドライアイスを水に入れた時の泡が「ポコ ポコ」と出てくるイメージもあり、「ポコ」という語感のかわいらしさを活かし、多くの人に親しみをもって使ってもらえるよう期待しての命名でした。

二酸化炭素のグラム数を、「ポコ」などという単位に置き換えると、かえってわかりにくいのではないかという意見もありました。しかし、私たちは、輸入品から国産に切り換えた場合に出る「ポコ」の総量をカウントし、貯金のように貯めていくことを考えたのです。将来的に、貯まった「ポコ」は、航空会社の「マイレージ」のように何かに交換できるようにすれば、楽しみも増すのではないか。

「今日の食事で二酸化炭素を８００グラム削減した」というよりも、「今日は国産の素材を食べたから8ポコ貯まったぞ」という方が、ポジティブでおもしろいという発想です。

計算方法は、以下の通りです。

二酸化炭素を１００グラム減らすと「１ｐｏｃｏ」とカウントします。例えば、パン、豆腐、牛肉、ホウレンソウを東京で食べる場合、輸入品では二酸化炭素の排出量は次のようになります。

・パン１００グラム（アメリカ産小麦60グラム）：CO_2 42グラム
・豆腐１００グラム（アメリカ産大豆30グラム）：CO_2 22グラム
・牛肉１００グラム（オーストラリア産）：CO_2 39グラム
・ホウレンソウ１００グラム（中国産）：CO_2 23グラム

表1　輸入品から国産品に切り換えたときのCO_2削減量とポコ表示

食品名	CO_2削減量	ポコ表示
パン	34グラム	0.34ポコ
豆腐	18グラム	0.18ポコ
牛乳	25グラム	0.25ポコ
ホウレンソウ	22グラム	0.22ポコ

これが国産の場合は、二酸化炭素の排出量は、以下のようになります（**表1**）。

・パン100グラム（北海道産小麦60グラム）：CO_2　8グラム
（42グラム マイナス8グラム＝34グラム　したがって、これを食べると0・34ポコ）

・豆腐100グラム（北海道産大豆30グラム）：CO_2　4グラム
（22グラム マイナス 4グラム＝18グラム　したがって、これを食べると0・18ポコ）

・牛肉100グラム（北海道産）：CO_2　14グラム
（39グラム マイナス14g＝25g　したがって、これを食べると0・25ポコ）

・ホウレンソウ100グラム（千葉産）：CO_2　1グラム
（23gマイナス 1グラム＝22グラム　したがって、これを食べると0・22ポコ）

４つの食材の、ほぼ1人1回分の食材を国産のものにすることで、総計約１００グラムの二酸化炭素を減らせる。約1ポコが貯まるという計算です。

この、「ｐｏｃｏ：ポコ」の表示は、まず大地を守る会の食品カタログに掲載されるようになり、会員に浸透していきました。さらに、２０１０年現在では、パルシステム、生活クラブ、グリーンコープの３つの生協と大地を守る会が加盟した「フードマイレージ・プロジェクト」が始まりました。今や、全国計１８０万世帯が係わるプロジェクトになりました。

「フードマイレージ・プロジェクト」では、二酸化炭素を１００グラム削減すると1ポコという仕組みで、毎週の買い物でどれだけ「ポコ」が貯まっていくかを記録しています。今のところ、日常的によく食べるにもかかわらず、自給率が低い５つのジャンル、計１７７０品の商品を、フードマイレージ対象商品とし、海外からの輸入品ではなく国産の食品を買うことで減らせた二酸化炭素の量を、「ポコ」でカウントしています。５つのジャンルとは、主食（小麦、米）、大豆製品、畜産物、食用油、冷凍野菜。将来的には、対象商品をもっと広げていく予定です。

そして、プロジェクトへの参加団体も今後増やし、協賛してくれる企業も募っていきます。貯まった「ポコ」で、地球環境に配慮した製品の買い物ができたり、特典を受けられるという仕組みも考え出したいと思っています。

おいしくて安心なものを食べ、楽しみつつ、しかも地球温暖化防止にもしっかりと貢献できる、それが「フードマイレージ」の運動なのです。

第2章 温暖化防止を〝自分事〟として意識・行動に結びつけるために

問題点——意識と行動の乖離

私は、「変えるための伝える活動」と「変えることを広げる活動」に長い間携わってきました。もともと心理学を学んでいましたので、心理学的なアプローチも含めて取り組んできたように思います。

今、大事なことは、時代が大きく変わって「意識啓発」の時代は終わったという認識です。これからは「意識啓発」ではなく、いかに「行動の変化につなげていくか」であると考えています。

ここで「意識があるか、ないか」を縦軸に置き、「行動しているか、していないか」を横軸に置いて、縦軸と横軸の組み合わせでできるⅣ象限の図で考えたいと思います（図1参照）。

この中では「意識があって、行動している」という第Ⅰ象限に入る層が理想的です。温暖化防止の活動でも「意識があって、行動している」人が理想的といえます。問題となるのは、第Ⅲ象

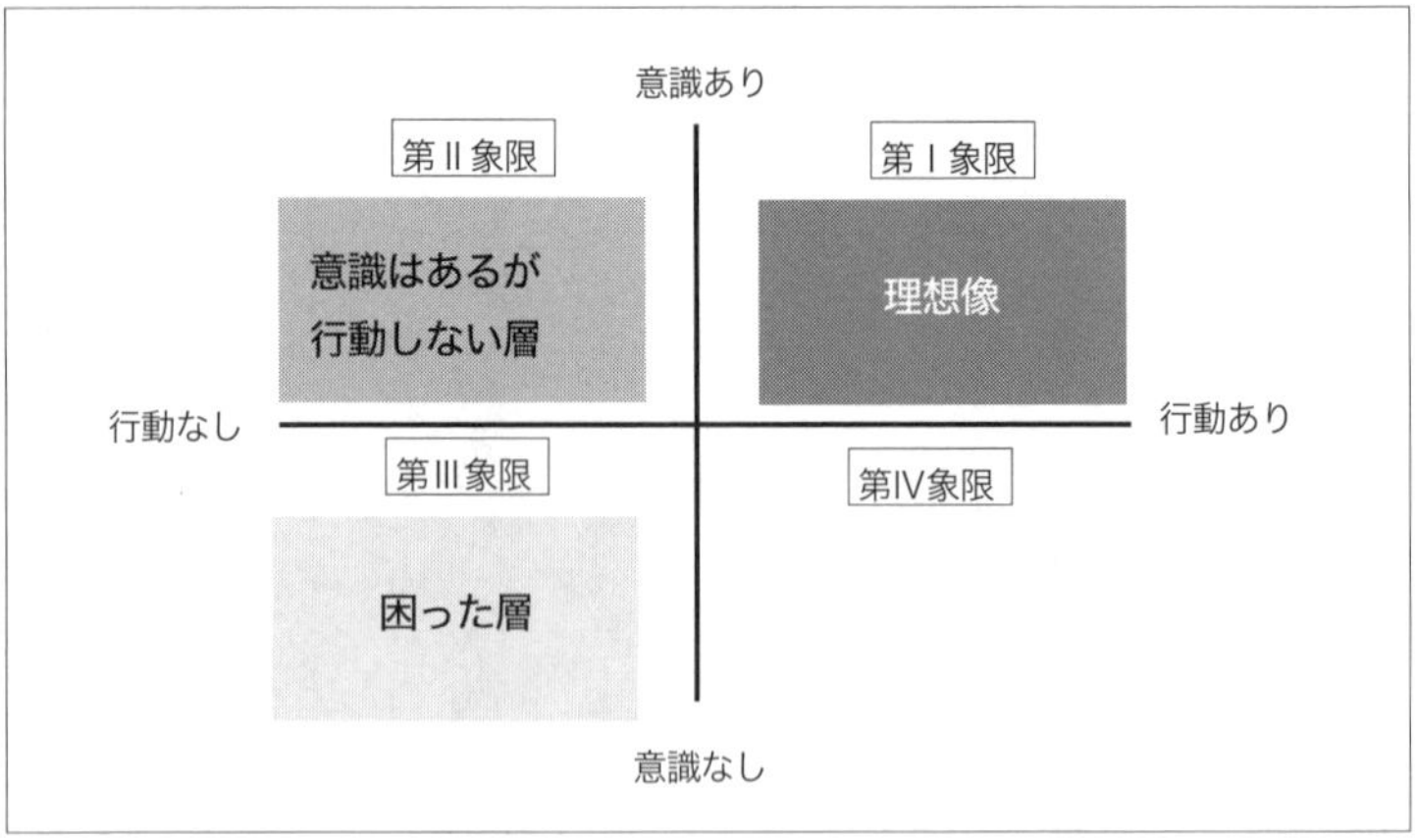

図1　意識と行動の乖離

限にいる「意識もしない、行動もしない」人たちです。この人たちは、いわゆる「困った層」と考えられています。

これまでは、この「困った層」の意識を高めることに重点を置き、「意識して、行動している」理想の人たちへ近づけていくことを目標にしていました。「温暖化は問題である、なぜこのような問題が起きているのか、何をしたらよいのか」というような意識啓発を中心にした活動が多かったのです。

私自身もそのような活動をしてきましたが、ある時から実際には第Ⅱ象限の「意識は高いが、行動はしていない」人たちが非常に増えていることに気づき始めました。これまで、意識を高めれば行動すると割と単純に考えていましたが、そうではないのではないかと思い始めています。

○解決策

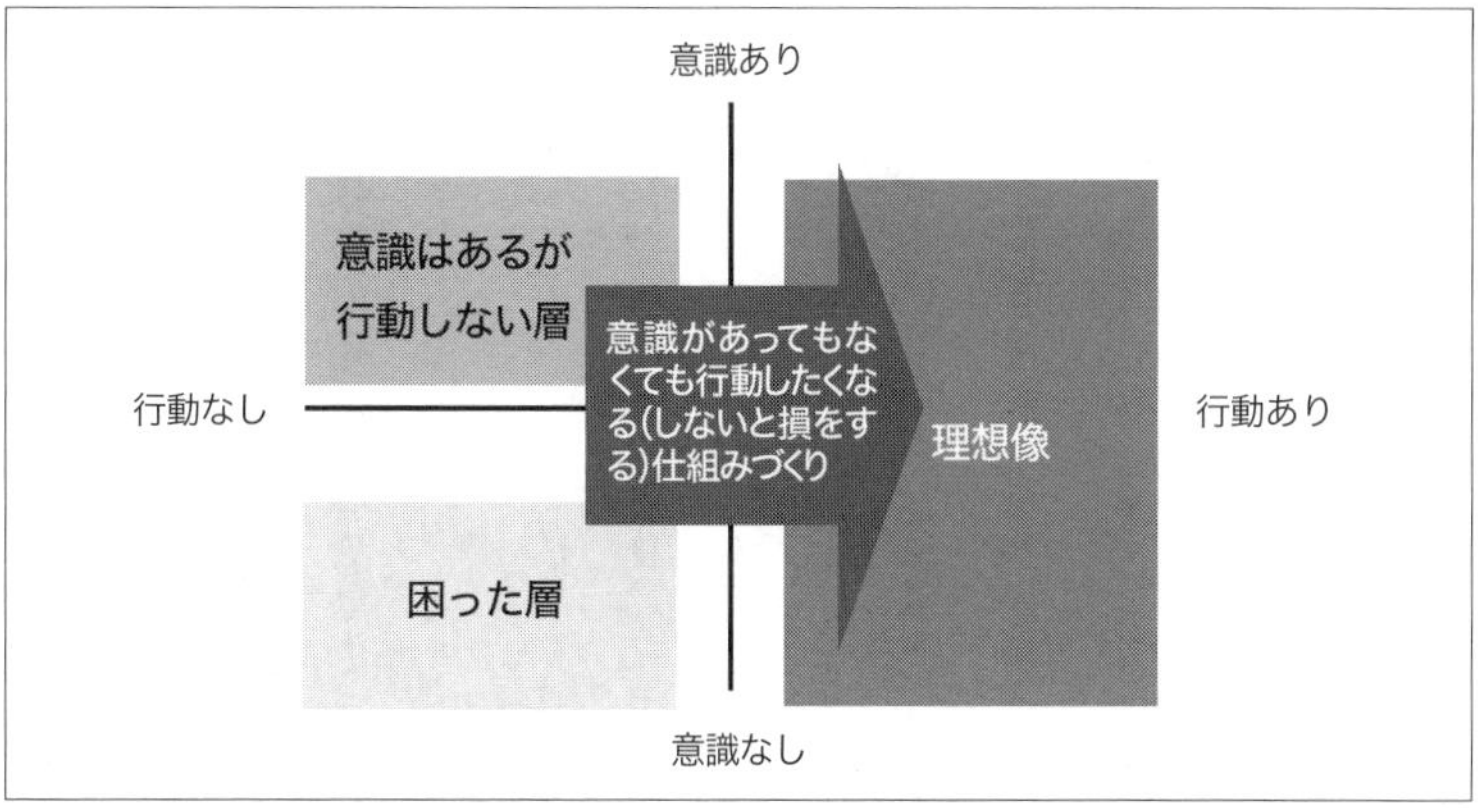

図2　意識と行動の乖離・解決策

それでは、「意識は高いが、行動はしていない」層に対してどのように働きかければよいのでしょうか。行動につながるような意識啓発を行うためには、どうすればよいのでしょうか。単純な情報提供ではなく、例えば心理学的、もしくはマーケティング的アプローチを踏まえた情報提供の方法が1つの解決策になってくると思います。

もう1つの解決策は、「意識があってもなくても行動したくなる、もしくは、しないと損する仕組みを作っていく」ということです。例えば、「炭素に価格をつける」という方法があります。「炭素をたくさん出す人はたくさんお金を払いなさい」ということです。それが炭素税という形でも、排出量取引という形でも、炭素に価格がつけば、温暖化が起こっていない、起こってもかまわないと考えている人たちでも、損得勘定が入ってくることで行動は変わってくるのです（図2参照）。

温暖化防止の「行動」を広げるためには

温暖化防止の行動は、スローガンによる意識啓発が中心であったことからわかるように、言ってみれば根性論で進めてきたように思います。「わかるまで繰り返す、わからないのは相手が悪い」という考えに基づいているようです。それで伝わる人も中にはいるのですが、それだけでは多くの人になかなか拡がっていかないと思います。

大切なのは、「意識があっても、なくても行動する」仕組みを作っていくこと、それと同時に、価値観や行動が実際に変わっていくような意識啓発を行うことだと考えています。先程述べたように、マーケティングやコミュニケーションの理論を「環境面での行動変容」に実践していく必要があります。これまで温暖化のさまざまな会議は、温暖化科学者をはじめ、自然科学を専門とする研究者が主力メンバーでしたが、これからは人の行動をいかに変えるかという観点で、心理学者や社会学者、マーケティングやコミュニケーションの専門家がもっと入ってくるべきだと思っています。

私がこれまでいろいろ取り組んできた中で重要視しているのは、「本質的に大事なことをわかりやすく伝える」ということに加え、「未来を考える補助線を引く」、言い換えれば「やっている自分をイメージできる手段や方法」を提供するということです。普通、ほとんどの人は、現在もしくは極めて近い将来のことしか考えようとはしません。しかし、「このまま行くとどうなるでしょうか」というように、「補助線」を引いてあげると、やはりそういう将来は嫌だなと思う人がたくさん現れてきます。そのような「補助線」を引くといったサポートが重要である、と考えています。

○広げるための戦略

これまでとは違う価値観や行動を始めること、例えば、「温暖化を防止しよう、もしくはそういう行動をとろう」ということは、「イノベーション」という言葉で表現できます。「イノベーション」とは新しい考え方とか、新しい技術や製品ですが、新しい考えやモノは、どうやって広がるのでしょうか。爆発的に拡がるものもあれば、せっかく作り上げて投入しても、鳴かず飛ばずで終わってしまうものもたくさんあります。

広げるための戦略には、「イノベーション普及理論」（『イノベーション普及理論』1962年、エレベット・ロジャーズ）が参考になります（図3）。イノベーションの普及率を縦軸に置き、イノベーションの広がる時間を横軸に置いてグラフを描くと、S字曲線、あるいは成長曲線といわれる曲線となります。

この曲線からわかるように、何かを普及しようと始めても、最初はなかなか広がりません。言い換えると、なかなか離陸できませんが、うまく「離陸期」を過ぎると急激に広がっていきます。

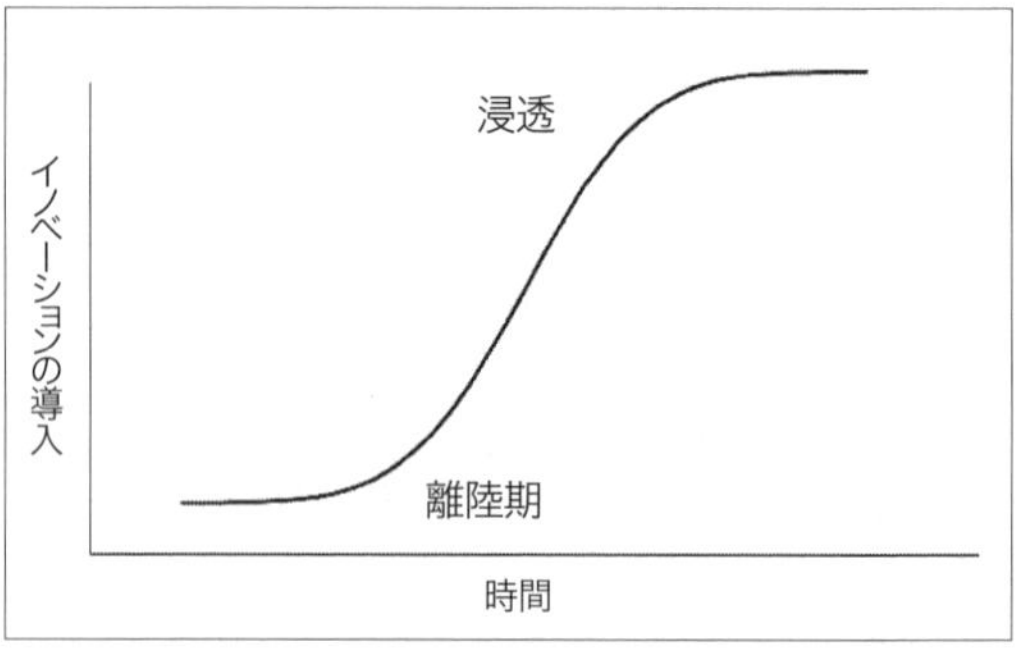

図3　イノベーションの導入
（出典:イノベーション普及理論〔エレベット・ロジャーズ〕）

この「イノベーション導入曲線」を早期に、そして急勾配で立ち上げるためには何が必要かも、この理論で説明されています。

最初に何が必要か。まず、新しい考え方の持ち主や新しい製品を作る人が必要です。でも、それだけでは、世の中に新しい考え方や製品は広がりません。それをわかりやすく伝える人が必要になります。

その人たちが、要するにこういうことなんだよ、こういうプラスがあるんだよ、ということを上手く伝えて初めて、社会の中でもフットワークの軽い人たちが、それではやってみようと始めるのです。例えば、マイ箸が流行した頃、マイバックが始まった頃を考えても、最初から試してみる人が少数いて、その人たちの様子を見てから社会の主流派はついていく――だいたいはこのように広がっていく、と考えられています。

しかし、残念なことに、世の中はこれだけではなくて、何と言われようと新しいことは嫌だという保守派もいます。また、お前が言うことはやらないぞ、というひねくれ者もいます。このような構造の中で、私たち温暖化の防止活動を推進する人たちは、どのように伝えるのが効果的なのでしょうか。

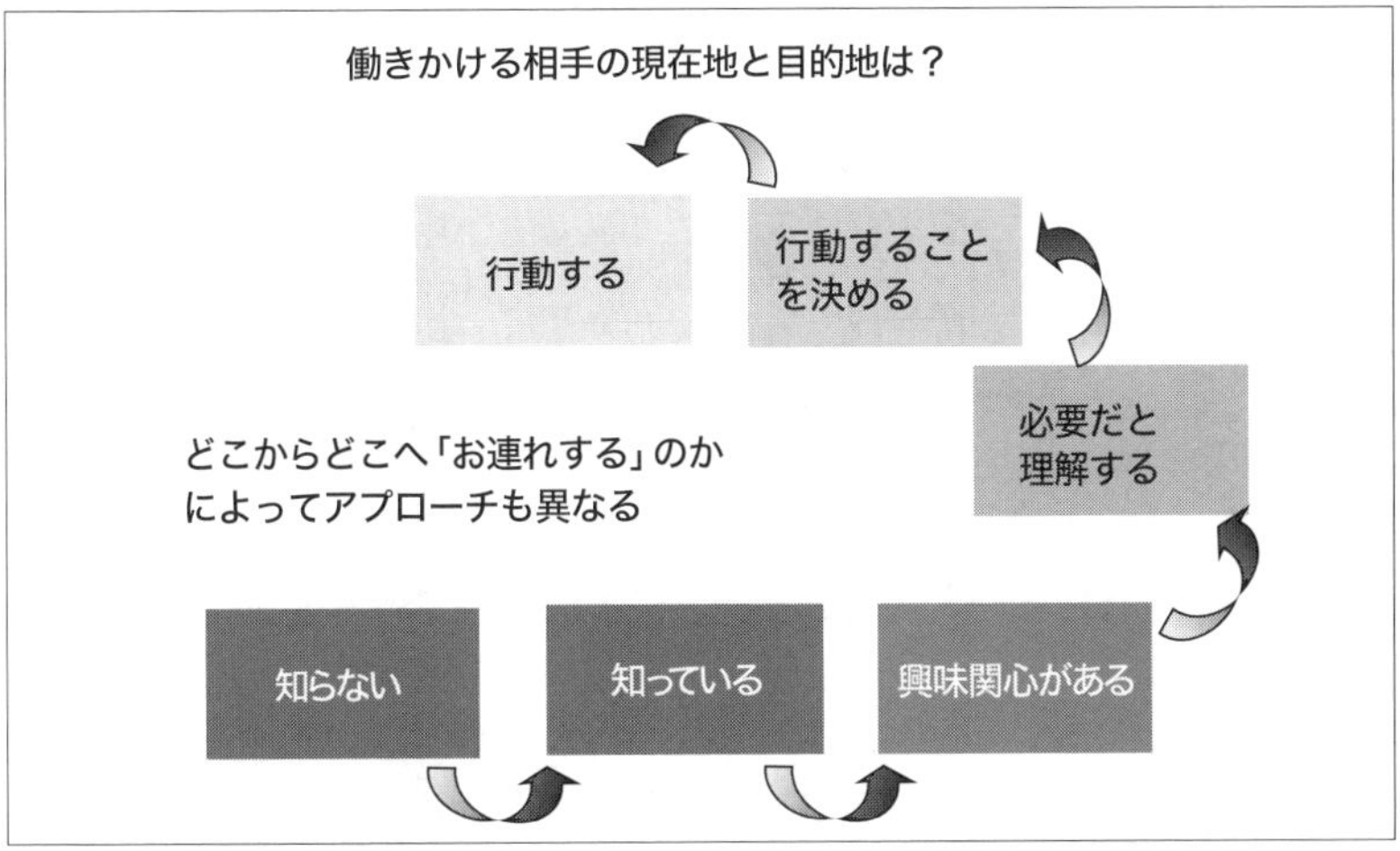

図4　働きかける方法

大事なのは、自分が今伝えようとしている相手は、図4のどこにいるのかを知ることです。知らない人に知らせるための伝え方だけでは、十分ではありません。すでに知っている人たちに「こういうものがありますよ」と伝えても意味がありません。それを採り入れようと思ってもらうための伝え方が必要になってきます。「この段階にいる人を、こちらの段階に連れていくためにはどのように伝えるか」ということを、私たち伝える側が考えていく必要があるのです。

人はどういうときに行動を変えるのでしょうか。行動の変化が起こる条件を述べた「ギルマンの方程式」（「新しい方法の価値」―「古い方法の価値」＞転換コスト）が役に立ちます。まず、従来のものよりも新しいもの、例えばガソリン車に乗るよりもハイブリッド車に乗る方がよいと思わないと、人は行動を変えません。加えて、その時に変化のためのコストが余りにも大きいと人は行動を変えません。

したがって、私たち変化をサポートする立場としては、古いやり方よりも新しいやり方がよいことを伝えると同時に、新しいやり方に変えるのはそんなに大変ではない、ということを効果的に上手に伝えていくことが大事です。

コミュニケーションを考える軸

イノベーションをできるだけ速く普及するためには、次の５つの要因が重要であるといわれています。

【普及を速くする5つの要因】

・相対的な利点（の認識）
・わかりやすさ（理解しやすさ、導入しやすさ）
・試しやすさ
・観測しやすさ（効果の見やすさ）
・両立しやすさ（価値観や自己の変革を要するものは受け入れにくい）

新しいことを伝えたい立場にいる人たちは、これらの要因を意識し、上手に行動変容を促すコミュニケーションすることが大事になります。

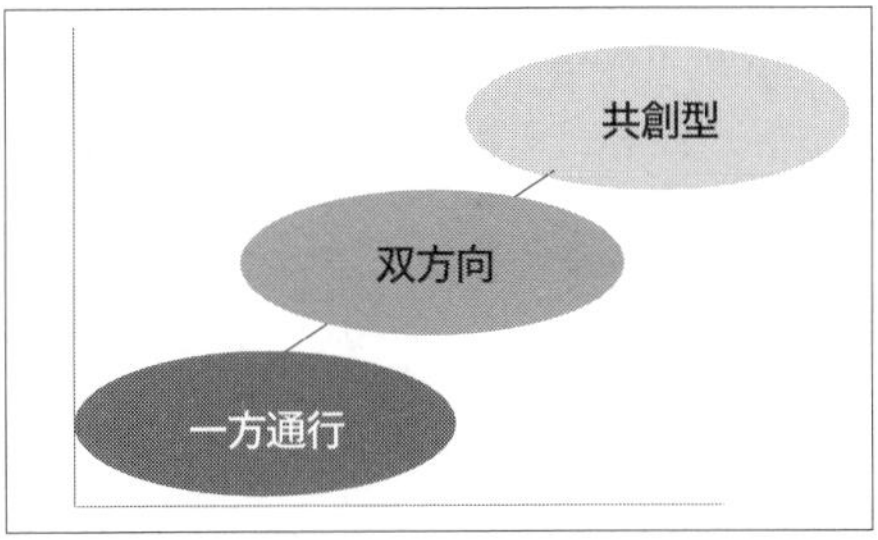

図５　コミュニケーションの次元

これまでは、企業もＮＧＯも「よいことをやっていればわかってもらえる」と考える場合が多かったのですが、そうではなくて、何を誰に伝えるのか、それをしっかりと考えて戦略を作っていくことが重要となります。これからは、一方通行で伝えるのではなく、伝えたことに対してアンケートをとったり、フィードバックをもらうことからさらに進めて、共に創るという意味での「共創」に向かっていく考え方が大切です。

どのようにすれば、市民、企業、あるいは行政という役割を超えてみんなで共に創っていくことができるのでしょうか。みんなで創っていく場合、消費者もしくは生活者の果たす役割が非常に重要だと考えています。

ヨーロッパの国ではＧＤＰは増えているが、CO_2は減っているといわれています。つまり、ヨーロッパの国ではＧＤＰとCO_2のデカップリングができているという言い方もできます。

ただし、気をつけなければならないことがあります。デンマークの研究者が述べていますが、デンマーク国内だけをみるとＧＤＰとCO_2のデカップリングができているが、海外から輸入したものもカウントするとデンマークのCO_2は減っていない、という研究があるとのことです。

現在、CO_2は生産するところでカウントしています。例えば、中国などの国外で生産すればするほどデンマークのCO_2の排出量は減るわけです。したがって、生産でカウントするのではなく、消費でカウントするように変えていくことが望ましい、という考えが出てきています。どこで作っているかにかかわらず、使う人たちのところでカウントする。その場合、日本の企業にとってはプラスになるでしょう。例えば、鉄を1トン作るのに一番効率的なのは、日本の企業だからです。生産時のCO_2の排出量が少なければ、それを世界の消費者が求めるようになります。

今は便宜上、生産地でカウントされていますが、本当は消費側でカウントされるべきものであるし、そのようになってくると思います。その時、「生産者側はGDPとCO_2のデカップリングをして、消費者や生活者側は幸せとCO_2のデカップリングをする」ことが求められる時代になると思っています。

現在、スマートグリッド（次世代送電網）に関する話で賑わっていますが、送電線がスマートになるだけではなくて、私たち消費者ができるだけ少ないCO_2で、最大の幸せを得る「スマートコンシューマー」へと変わっていく必要があると思います。その意味でも、生活者、消費者は、どのような立場に立つのか、どのような立場で考えるのか、これから非常に重要だと思うのです。

第3章 知恵を身につけ、考え、議論し、行動する力を育てよう――２０５０年の日本のリーダーとなる人材を育成するために

環境教育とは

「環境文明21」は、持続可能な環境文明社会を作ることを目的として１９９３年に設立させたＮＰＯで、主に調査研究に基づく政策提言やそれに基づく啓発活動を行っています。

私自身のバックグラウンドは環境教育なので、環境教育の面から、特に２０５０年の日本のリーダーとなる人材を育成するという目標を達成するため、子どもたちの環境教育に焦点をあて、私どもの考えをお伝えしたいと思います。

環境教育は、狭い意味で、環境についての知識を教えることだという方がいますが、私自身は環境教育というのは、人間としての生き方を学ぶ、あるいは社会経済のあり方について学び、その実現に向けて行動できる人間を育てていく全ての学習活動、教育活動だと、非常に広くとらえています。

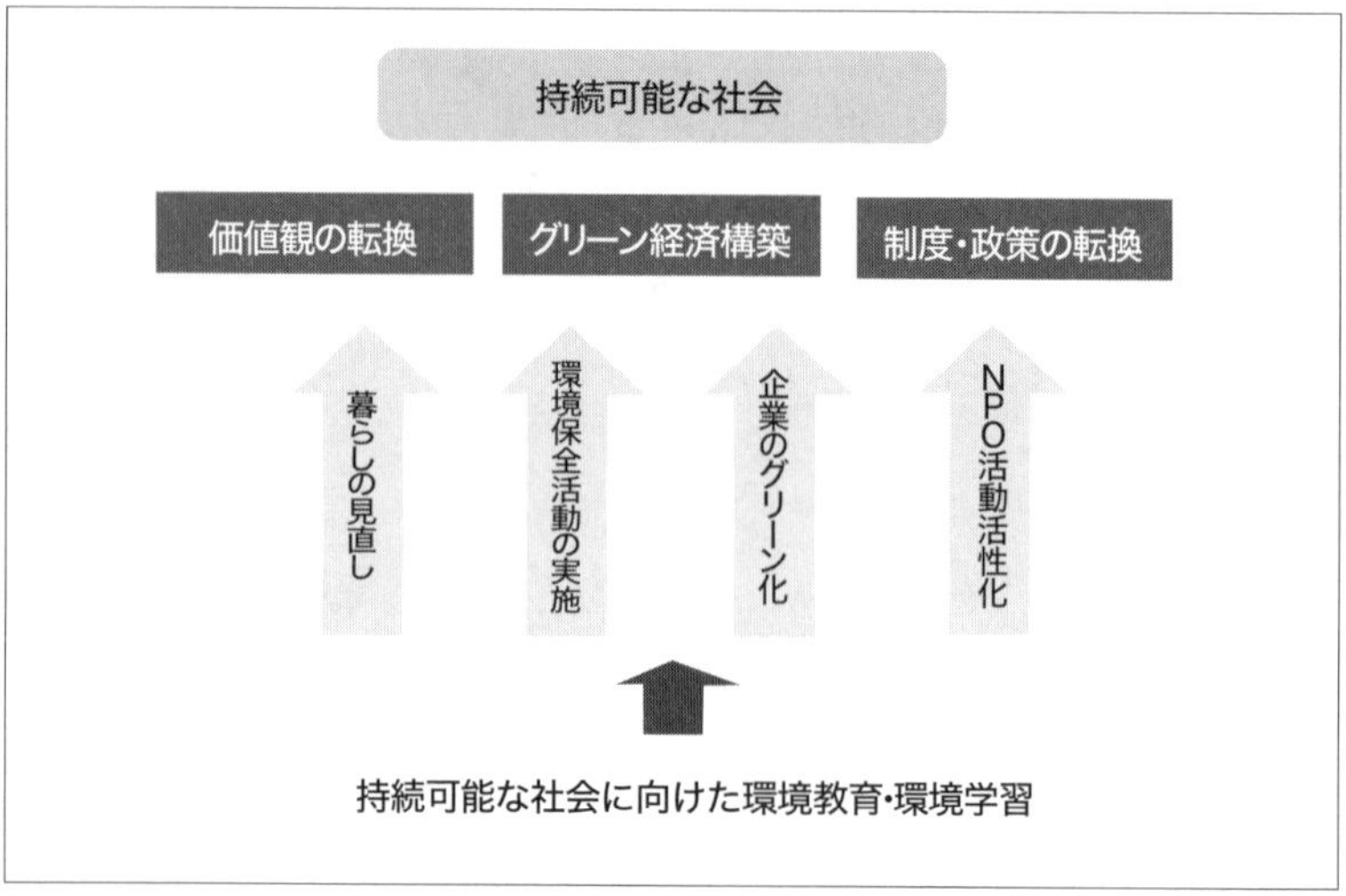

図１　環境教育・環境学習

また、環境教育を目的にする人がいますが、環境教育はあくまで持続可能な社会を作る上での有効かつ基本的な手段であることを忘れてはならない、と常に思っています。

要は、環境教育、環境学習というのは、暮らしを変える、地域を変える、企業活動を変える、政策を変える、すなわち、持続可能な社会を作るベースにあるものだ、という認識を持っていただきたいと考えています（**図1**参照）。

環境教育の現状に対して、環境省が2、3年前に行った実態調査の結果があります。それによると、環境科という教科がないがために、小学校では環境教育をやるところは一生懸命やっているけれども、やっていないところはほとんどやっていないという状況が依然として続いています。また、先生方も非常に忙しいということで、先生方の意識も上がっていないし、指導力も不足しているということもあり、環境教育が、すべての学校で取り組まれているわけではない、ということが調査の結果から見えてきました。

また、現時点の環境教育の多くが環境意識の向上、あるいは環境保全活動の実践というレベルですが、もっともっとそれを高めていって、本当によい社会を作ることに役立つ環境教育、すなわち、人々の価値観や社会経済活動を変え、さらには制度の変革をもたらす基盤になるような、そんなレベルにまで高めていく必要があると思います。

２０５０年のリーダーを作るための環境教育の３つのポイント

○その１：感性を目覚めさせる

大人も子どももみんな環境教育をする必要がありますが、ここでは特に、２０５０年のリーダーを作るための環境教育という視点から、３つのポイントを述べたいと思います。

１つは、「感性を目覚めさせる教育、学習」です。まさに「センス・オブ・ワンダー」です。これは、多くの方がいろいろなところで既にやられていると思いますので、詳しくは話しませんが、美しいものを美しいと感じる、本物が何かがわかる、あるいは生命の危機だと感じる、そのような感性・意識を高めていく環境教育は、これからも重要なことだと考えています。特に、子どもたちには大切です。

○その2：持続性の知恵を身につける

次のポイントは、「持続性の知恵を身につける」ということです。環境文明21では、持続性の知恵についてずっと研究をしています。そして、地球の有限性を考えなければいけなくなった今の時代においては、資源も国土も限られた日本という国で、私たち日本人が持っていた有限な世界の中で生きる知恵というものが、世界の持続性のために役立つのではないか、その知恵を持続性の知恵として日本から世界に発信しようということで、「8つの知恵」としてまとめました。「ハイムーン」氏として有名な高月紘先生が、私たちのホームページのために描いてくれた絵がありますので、それに沿ってお伝えします（図2）。

●8つの知恵

まず、「物より心」ということです。有限な地球環境の中では、物質的な豊かさを求めることには限界があります。そこで、物質的な豊かさではない、心の豊かさを求めようということが1つ目の知恵です。物質的な豊かさ、例えば、何かほしい物が手に入った時はとても嬉しいものですが、その嬉しさはそう長続きしません。しかし、精神的な豊かさ、例えば、家族や友人との楽しい思い出はずっと心に残り、思い出すたびに幸せな気分になれます。

2つ目は、「自然と同化し、自然と共生していた」ということです。年代が高い方は、昔のことを思い出していただければ、そうだったなと思い出していただけると思います。

3つ目は、「足るを知る、自足の心を持っていた」ということです。有限な地球環境の中では、もっともっと、というように、欲望だけを膨らませることはできません。やはり、ある程度の我慢や節度が必要です。しかし、足るを知るということは、若い人に聞くとほとんど知りません。「〈足〉を知る」って何ですかという質問が出るくらいで、日本の持続性の８つの知恵の中でもほとんど死語に近いものです。多分、年配の方は、よく知っていらっしゃることと思いますが、若い方はほとんど知りません。「これくらいでちょうどいいね」「これで充分満足」という感覚も、有限な地球環境時代を生きていくには必須のものです。

４つ目は、「輪廻《りんね》、循環思想が根づいていた」ですが、これはリユース、リサイクルということで、日本ではかなり進んでいますが、もっともっと進めませんか、ということです。

５つ目は、「調和を大切にして、家や地域などの集団の存続を重視していた」ということです。現在では、自分のことしか考えられないという風潮が強くなり、この調和を大切にすることが、家や地域ではあまり見られなくなってしまいました。２００９年に開催されたコペンハーゲンでのＣＯＰ15でも、本当は人類の共有財産である地球の存続を考えなければならなかったのですが、自国のエゴばかりが目立って、この調和の精神は活かされませんでした。やはり地球環境時代には、地球という公共財を守っていく上で、この調和の精神はとても大事なことです。

６つ目は、「精神の自由を尊ぶ気風があった」ということです。物を動かすにはエネルギーが必要で、結果として二酸化炭素も発生しますが、知恵はどんなに使っても二酸化炭素は発生しません。だから、頭と心を大いに使って精神の自由を楽しみましょう、ということです。昔の人は、

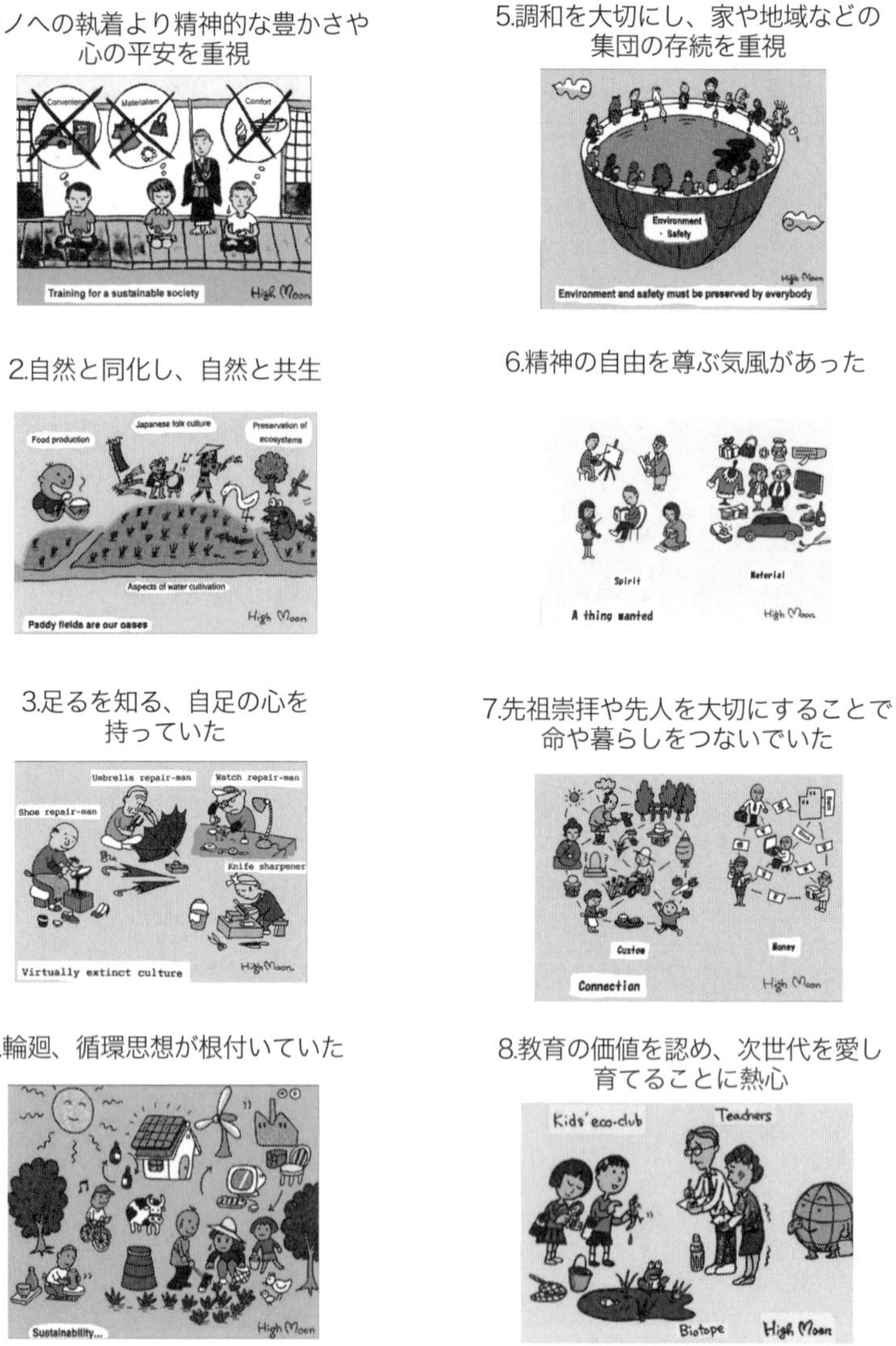

図2　持続性の８つの知恵（イラスト：高月 紘）

俳句や和歌などで精神の自由を楽しんでいました。現代においても、もっともっと精神の自由を尊ぶということがあってもいいのではないか、ということです。

7つ目は、「先人を大切にしていた」ということです。継続は力なり、歴史から学ぶことはたくさんあります、ということです。

最後の8つ目が、「教育をとても大事にして、次世代を愛し育てる」ことにとても熱心であったということです。明治の初めに日本を訪れた多くの外国人が、「日本ほど子どもを愛する国民はいない」と言ったほど、日本には子どもを愛する国民性がありました。でも現代社会では、多くの大人が子どもたちのことより、自分たちのことを優先しています。しかし、次の世代が健全に育たなければ、社会の持続性は保てませんから、このことは持続性の観点からは最も基本的なことだと思います。

これらのことは、当たり前ではないかと思われるかもしれませんが、今の子どもたちはこうしたことさえ知りません。私たち大人にとっては古くさいものでも、彼らにとっては新しい知恵なのです。ですから、是非、2050年のリーダーになる子どもたちに、持続性の知恵が日本にはあったことを伝えていただきたいと思います

●サイコロゲームで暮らし方の知恵を伝える

次に、環境文明21では、郵政の「年賀はがき・カーボンオフセット」の助成金をいただき『STOP!! 温暖化ゲーム』というサイコロゲームを改良しました（**図3**）。ゲームのこまには、例

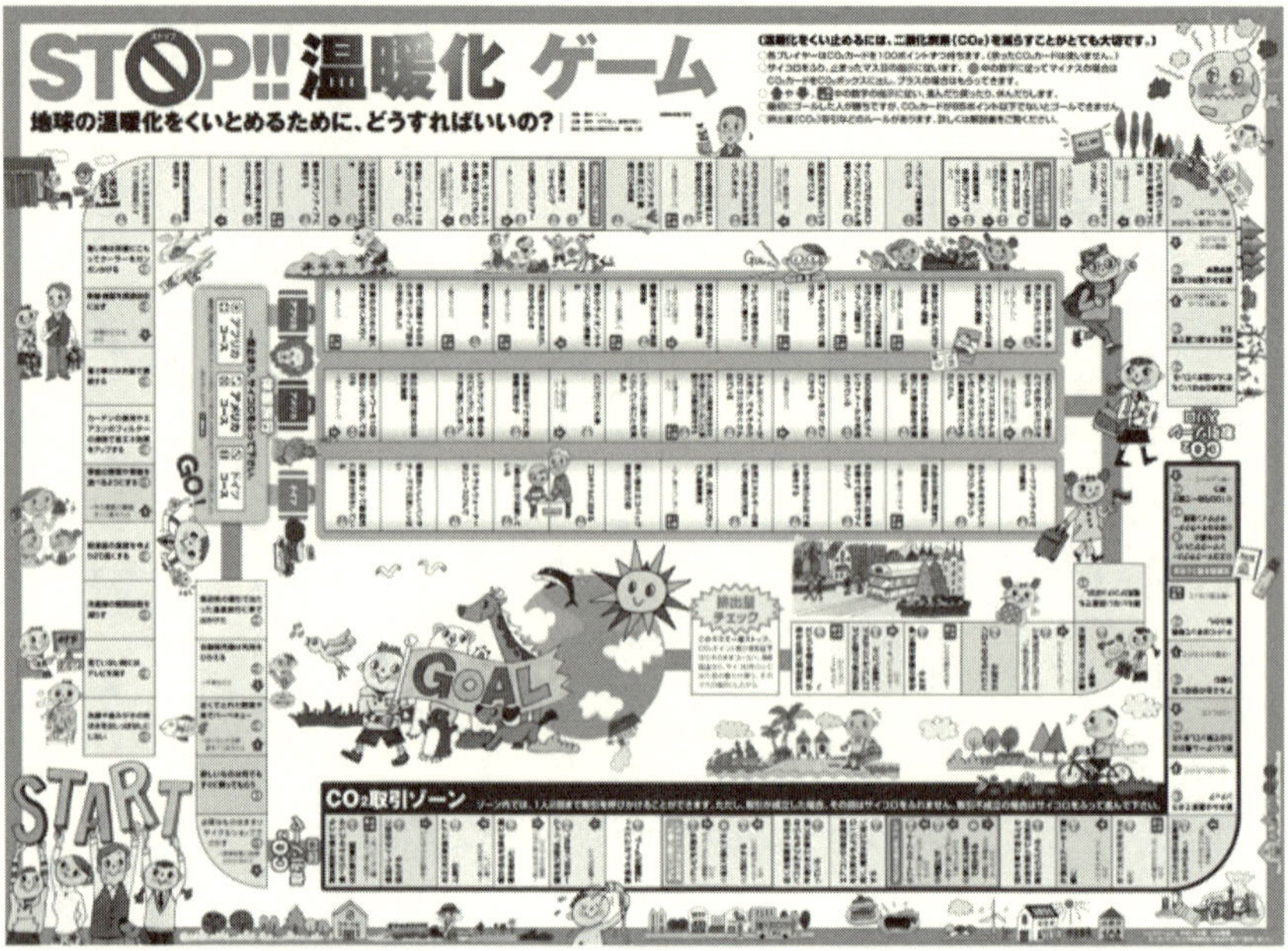

図3　STOP !! 温暖化ゲーム

えば、冷暖房は2℃下げましょうとか、2℃上げましょうなどの知識が書かれています。

もちろん、こういう知識も子どもたちには必要ですが、できたらこのゲームの裏にある知恵を、皆さん方から子どもたちに伝えてほしいと思います。確かに冷暖房は快適ですが、冷暖房をガンガンつけて、部屋の中で1人でゲームで遊ぶよりも、外でお友達と「おしくらまんじゅう」しながら遊んだ方がもっと楽しいし温まるよ、というようなことを遊び方も含めて伝えてほしいのです。また、1人ひとり別々にご飯を食べるより、家族そろって食べた方が、エネルギーも少なくてすむし、今日学校であった事を家族みんなに話せるよ、というようなこと、環境に配慮した暮らし方を知識としてだけでなく、知恵を使うことが本当はとても豊かな暮らしにつながることを、是非伝えていただきたいと思います。

因みに、8項目については『環境の思想』という本をプレジデント社から出版しましたので、これも読んでいただけると、「ああ、8つの知恵ってこういうことなのか」「こういうところで今でも生かされているのか」ということが解っていただけるかと思います。

○その3：考え、議論し、行動する力を鍛える

3番目は、「考え、議論し、行動する力を鍛える」ということです（図4）。環境問題を解決するための行動として有名なのが、「紙を減らそう、ごみを出さないようにしよう、電気をこまめに消そう」という類のものです。でも、そろそろこうした行動だけでなく、もっと違う行動をおこさないといけない時期に来ていると思うのです。すなわち、自分の生活だけでなく、地域や学校、企業活動や政治を変えるための社会的な行動です。

今の私たち大人は、政治や行政、社会に対して、批判をしたり文句を言ったりすることはとても上手です。しかし、1人ひとりが温暖化問題や環境問題を自分の問題としてとらえ、そのことについて真剣に議論をして、どうしたら解決できるか代替案を出したり、解決のための方法を地域や行政や企業の人と話し合って合意するという力が、非常に弱いと思うのです。

それはなぜかというと、やはりこれまでの教育の中で、そうした訓練を受けてこなかったこと

考え、議論し、行動する力を鍛える

・「紙、ごみ、電気の節約」
→学校、地域、職場・・・・、企業活動、
政治を変えるために行動する

・議論し、合意する力
・「公共」の担い手を育てる

ロールプレイ、ディベート
政策作りに参加する　など

図4　議論し、合意する力の育成

が大きな原因だと思います。また誰かが解決してくれるだろうという、他人任せの意識も強かったと思います。

しかし、温暖化を含む環境問題は、私たちみんなに係わる問題です。原因を生みだしているのも、その影響を受けるのも私たち。だとすれば、他人任せにしておかないで、みんなで解決のための方策を考え、行動していくことが大切です。

そして、私が特に強調したいのが、温暖化防止のための政策作りにも市民が参加することです。温暖化を自分たちの問題としてとらえ、解決のための政策作りにも参加する。そうすることにより、当事者意識が育つはずです。そして、そんな人が増えれば、温暖化対策ももっと進むはずです。

「子どもたちには、そんなことはできない」と言うかもしれません。しかし、以前私が訪ねたドイツでは、4歳、5歳の子どもたちが頭を突き合わせて、自分たちの庭をあんな庭にしたいよね、こんな遊び場にしたいよねという議論をしている。そして、それをもとに親や教師とともに校庭作りに参加している。また、ある中学校では、自分たちの住む地域をこんな風にしたいという提案を市長に提案し、その一部が採用されたという事も聞きました。

大人だけでなく、子どもも地域の一員、公共を担う一員として位置づけ、学校教育でもそうした学習機会を設けているのです。日本では、そういうことを先生方は避けがちです。しかし、2050年、グローバル化した世界に生きる子どもたちには、今のうちから、みんなで話し合い、合意形成していく力をつけていかなければいけないと思います。地球という公共空間をみんなで担っていくという意識と、それを実現するための力です。「子どもたちが考える地球温暖化防止行動計画」なんていうのができたらおもしろいと思います。

こんなことが、これからの環境教育の中で最も重要なのではないかと私自身は思っています。これから国際社会の中で生きていく上では、先程述べた日本的な伝統の知恵を持つとともに、しっかり議論し、合意していく力というものを身につけさせることが非常に大事だと考えます。そのためには、大人も子どもも隔てなく同じことに関して、もちろん表現の仕方や方法などは違うとは思いますが、大いに議論する場を作る、大いに合意する力をつけていく。そのために、推進員の方もやることがたくさんあると思います。

第4章 パナソニックの環境経営

パナソニックの会社概要

パナソニックの環境経営の概要、考え方等をご紹介させていただき、今取り組んでいる事例について紹介し、最後に企業の立場から課題になっていることを述べさせていただきます。

パナソニックという会社は、１９１８年に、創業者の松下幸之助と奥様、その弟さんで今の三洋電機の創業者・井植歳男さんの3人でスタートをしたベンチャー企業です。

後で説明しますが、２００９年は、三洋電機をグループ会社化し、環境に大きく軸足を変えていく年になりました。

売上げは７兆７６５５億円、営業利益は７２９億円、このうち売上げは、２００８年の経済危機等が影響して、前年から85％割れですが、７兆円規模の企業ということです。（**図1**参照）

事業分野は、５つの大きな分野があり、このうち業界では黒物と言いますが、ＡＶＣネットワークというテレビ、ビデオの事業が約40％を占めています。次は、アプライアンス、業界では白物と言いますが、日常使う冷蔵庫、洗濯機、エアコン、調理器などの商品が約15％です。それから、デバイスなどのパーツ等で12％、それに電工・パナホームを加えて20％、おおむねこのような事業構造になっています。

環境経営の基本の考え

パナソニックの環境に対する考え方の根底には、松下幸之助の考えがあります（図2）。人と物とお金、土地など、企業活動に必要な要素はいろいろありますが、すべて本来は天からのものであり、公のものである。

それらを社会から預かって、私たちは仕事をしている。「企業は社会の公器である」という考え方が、パナソニックの経営理念です。

社会の公器である企業が、その活動によって自然を破壊して人間の幸せを損なうことはあってはならない、という考えを常日頃から企業活動の中に入れているということです。

パナソニックが、環境経営に力を入れている理由は、この松下幸之助の考えが根底にあります。

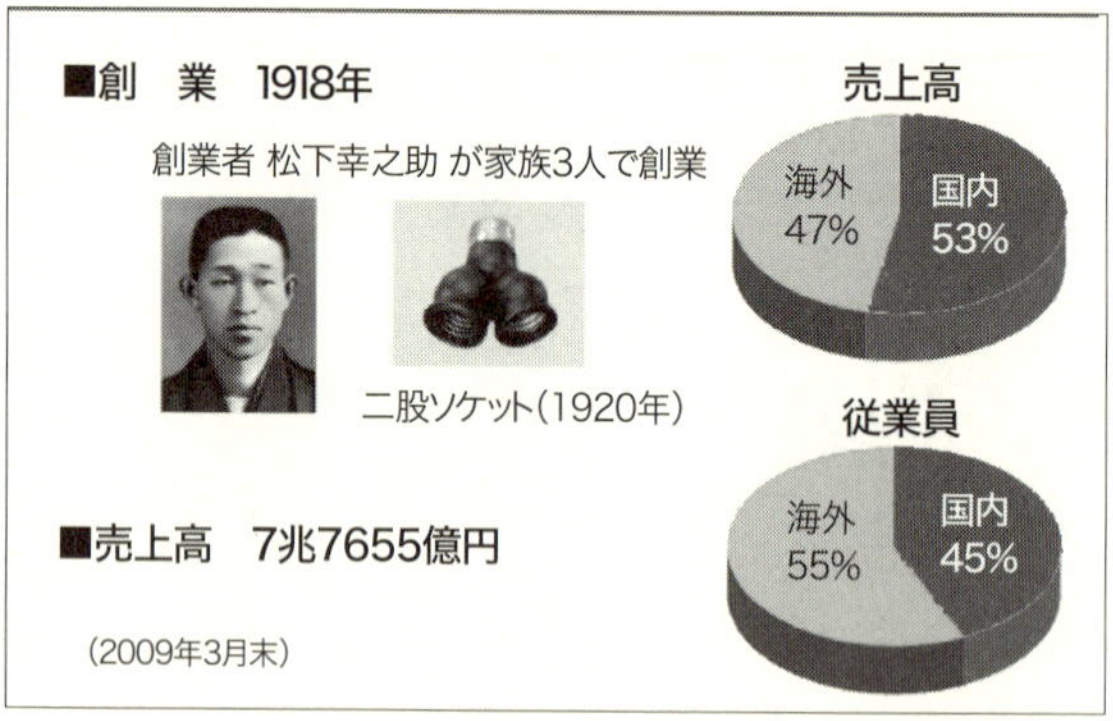

図１　パナソニックの会社概要

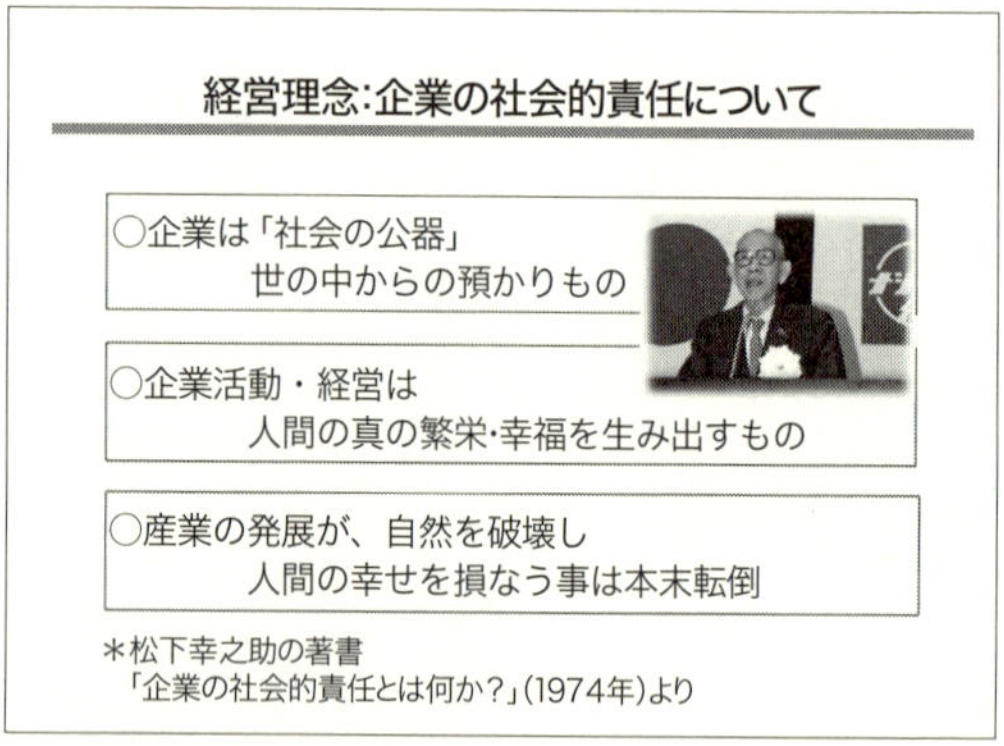

図2　環境経営の基本の考え

創業１００周年のビジョン

パナソニックは、２０１８年に創業１００周年を迎えます。その１００周年の時に、パナソニックはどういう会社でありたいか、ということを紹介します。

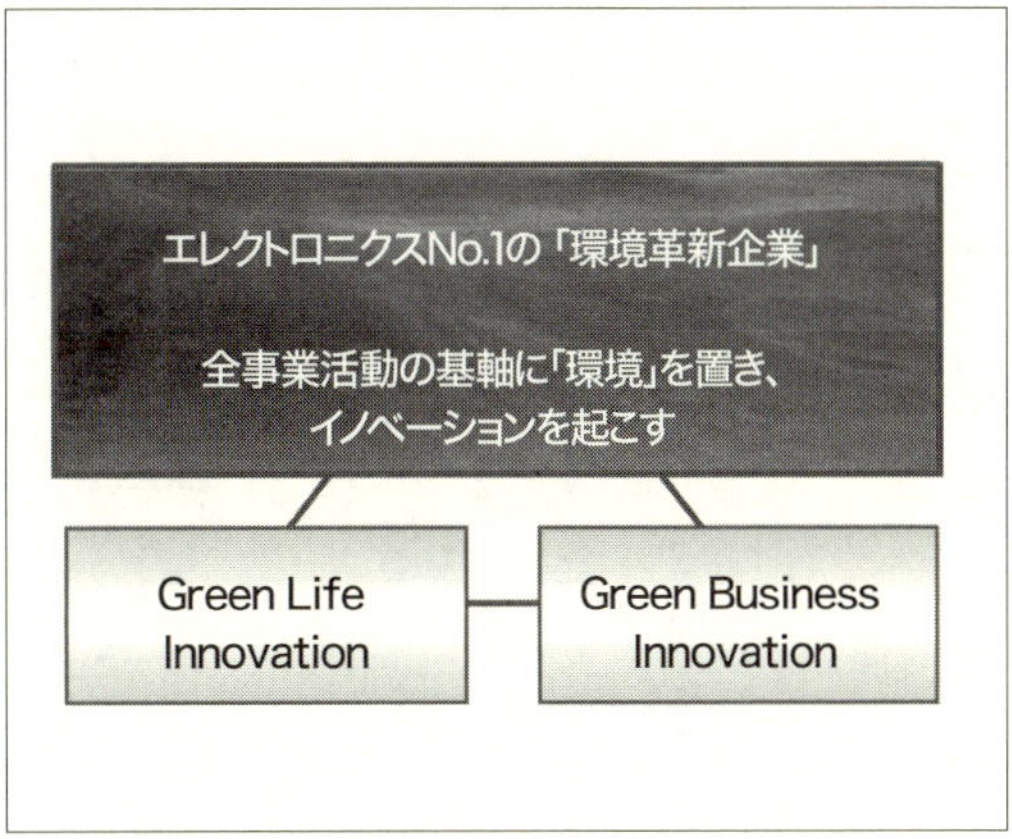
エレクトロニクスNo.1の「環境革新企業」
全事業活動の基軸に「環境」を置き、
イノベーションを起こす
Green Life
Innovation
Green Business
Innovation

図３　創業100周年ビジョン

創業１００周年には、エレクトロニクス・ナンバーワンの「環境革新企業」となり、全事業活動の基軸に「環境」を置き、イノベーションを起こしていくと宣言しています（図３）。

今、世界は極めて大きな変化の節目にありますが、持続可能な社会の実現に向けてパナソニックが今、何をしなければならないのか、これから5年、10年の間に何をしなければならないのかを考えた時に、パナソニックの事業特性を生かして、暮らしという最も身近なところからグリーン革命の先導役を果たしたい、ということを宣言したものです。そのような思いから、創業１００周年のあるべき姿をビジョンとして明確に宣言しています。

環境貢献と事業の成長を一体化するという、一見すると二律背反、相矛盾するところですが、これからの時代は、これらを共存させていく、両立させていくことが企業の姿であり、これを目指して私たちは活動していきたいと考えています。

○新・エコアイディア宣言

創業100周年ビジョンを踏まえて、地球環境に対する私たちの貢献、パナソニックの貢献を明文化したのが、「新・エコアイディア宣言」です（図4）。

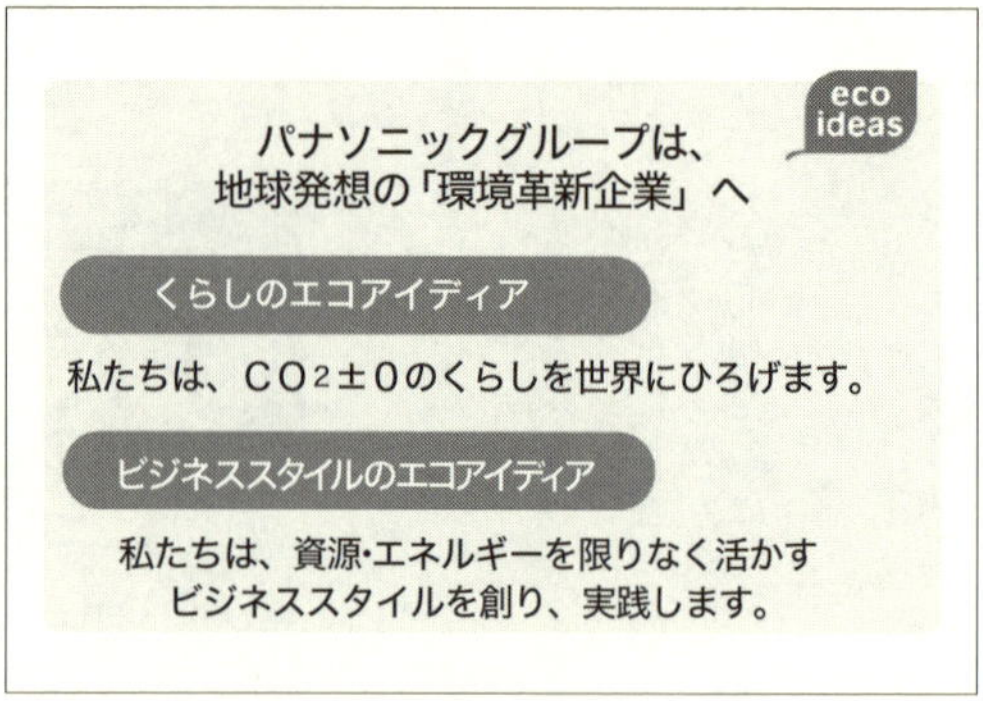
eco ideas
パナソニックグループは、
地球発想の「環境革新企業」へ
くらしのエコアイディア
私たちは、CO_2±0のくらしを世界にひろげます。
ビジネススタイルのエコアイディア
私たちは、資源・エネルギーを限りなく活かす
ビジネススタイルを創り、実践します。

図4　新・エコアイディア宣言

持続可能な社会にしっかり取り組むことを宣言するとともに、これをグローバル全従業員に徹底して、従業員1人ひとりの行動も変えるという意味もあります。

「パナソニックグループは、地球発想の『環境革新企業』へ」という大きな方向性を背景に、「くらしのエコアイディア」の領域では、「私たちはCO_2±0のくらしを世界にひろげます」としています。

次に、「ビジネススタイルのエコアイディア」の領域では、私たちは企業活動でできる様々な取り組みを極限まで追求して地球環境によいことをしていきたいという思いで、「私たちは、資源・エネルギーを限りなく活かすビジネススタイルを創り、実践します」としています。

このようなことをお約束として宣言して、常にこれを基軸に実践をしていきたいと思います。

○一歩進んだ省エネ商品——エコナビ

図5　一歩進んだ省エネ商品——エコナビ

私どもは製造業ですから、お客様にお届けする商品、サービスで地球環境に貢献していくことが本業になります。昨年の秋に発売させていただいた「エコナビ」という商品を紹介します。

テレビコマーシャル等でご覧いただいたことがあるかと思いますが、エコナビという商品は、センサー技術を徹底的に賢く使いこなしています（図5）。

お客様の暮らしを研究して、そのお客様の暮らしに合わせて、センサーが賢くエネルギーをコントロールするというものです。それをエアコン、洗濯機のような生活家電に展開しています。

例えば、掃除機の場合、従来の掃除機ではゴミの少ない所でも同じパワーでずっと吸いますが、エコナビ商品では、センサーを使いゴミの少ない所ではそれを検知してパワーを落とします。ゴミや汚れの状態によりパワーコントロールして省エネにする、といった商品です。

もう1つ、このエコナビで行った新しい取り組みがあります。お客様に「エコナビ賛成です」と宣言していただくと、携帯端末から木を植えることができる取り組みです。エコナビを買っていただき、携帯端末から賛同してもらうと植樹ができる、このような取り組みをしています。この取り組みには、消費者の方々から大きな反響がありました。

○ＬＥ活動のグローバル展開

ＬＥは、「ラブ・ジ・アース」（Love The Earth）の意味です。環境にいい商品を作るためには、環境にいいマインドを持った従業員が必要だということで、10年前からＬＥ活動を推進しています。

日本国内では、約半数の従業員世帯が参加しています。「環境家計簿」をつけたり、エコバックを推進したり、ボランティア活動をしたり、このような取り組みを国内だけではなくグローバルに展開しています。

グローバル展開の例としては、「Ｐａｎａｓｏｎｉｃエコリレー」があります（図6）。ＬＥ活動をグローバル全体にリレー形式で展開していこうということで、日本からアジア、中近東、ヨ

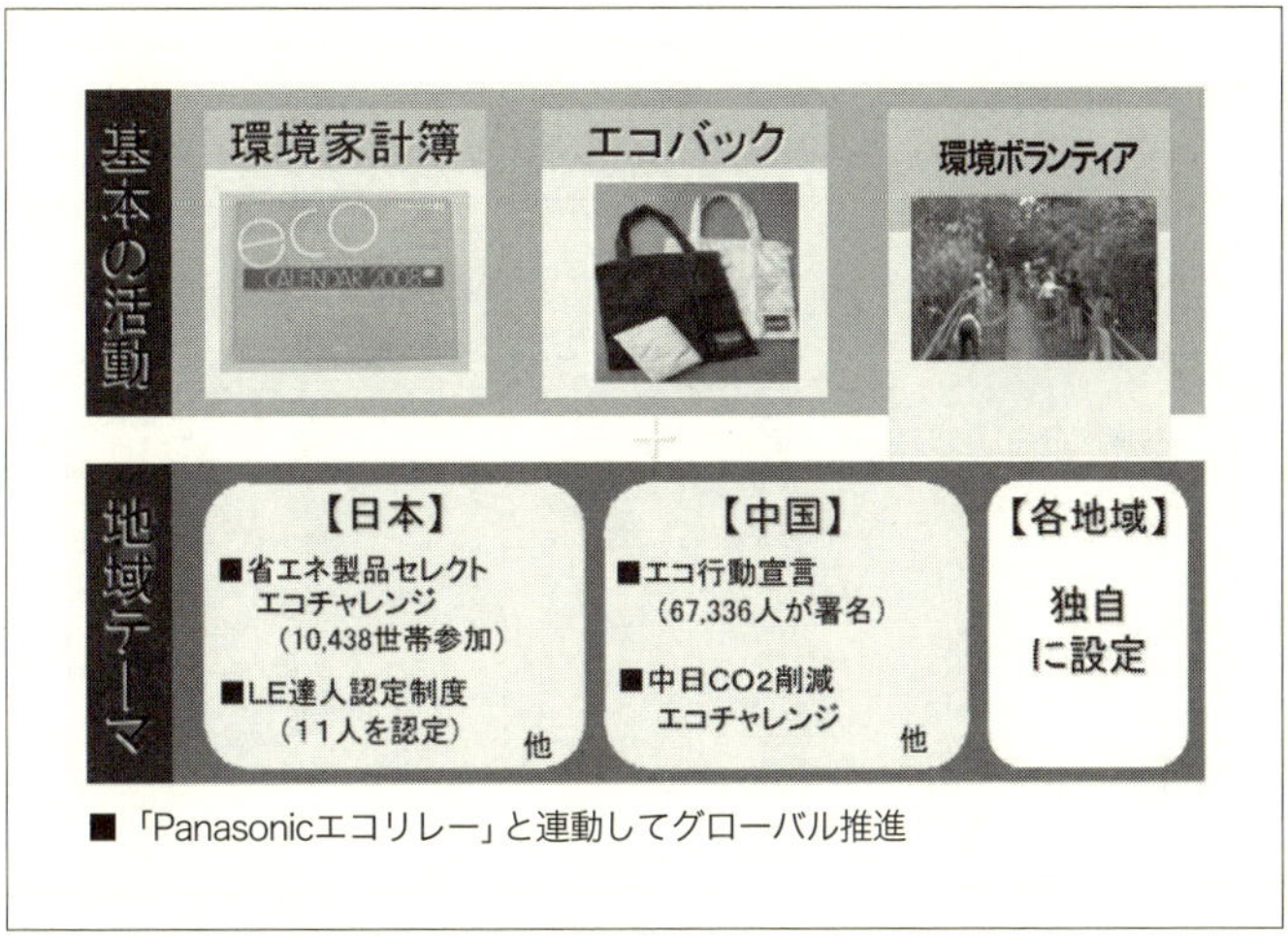

図６　LE活動のグローバル展開

ーロッパ、中南米、ずっと地球をつないで全世界39の国の人たちに参加をしていただきました。

　最後に、私の考えを述べて終わりとさせていただきます。

　パナソニックは製造業ですから、これまで様々な商品を提供してきました。

　今後も、環境に配慮した商品づくりを徹底して追求するのはもちろんのことですが、もう少し商品を使っていただくお客様、消費者も巻き込み一緒になって温暖化対策を進めていく必要があるのではないかと思っています。

　社会と連携し、一体となった活動が、より大事になってくると考えています。

第5章 地球温暖化防止に向けた国民運動「連合エコライフ21」

4%と50%

これから、２つの項目についてお話しをさせていただきます。

１つ目の項目は、「公正な移行（Just Transition）」についてです。２つ目の項目は、「社会対話、ソーシャルダイアログ（Social Dialogue）」です。

公正な移行と社会対話に関する本題に入る前に、皆さんと温暖化対策に係わる数字について共有しておきたいと思います。

温暖化防止については、鳩山前首相が挙げた25%という数字とともに２０５０年に向けた80%という数字があります。

私たち連合は、これらの数字に加え、４％という数字も重要と考えています。この４％というのは世界で今、排出されているCO_2のうち日本が排出している割合です。つまり、日本国内の排出量を25％削減するということは、単純に言えば世界中で排出されているCO_2の1％を削減することと同意ということになります。

このことは、日本国内だけで一生懸命頑張って25％（世界比1％）を達成したとしても、世界のどこかの国で1％排出が増加してしまえば、トータルでの排出量は変わらないということを意味しています。

もちろん、日本が排出削減努力をしなくてもよい、ということを主張している訳ではありません。地球全体で、CO_2排出量を削減するという困難な目的の達成に向けて、産業、雇用、生活を維持しつつ、国内排出量を削減していくというバランスのとれたスキーム（仕組み）が極めて重要であると考えています。

もう1つ、日本国内のCO_2排出量の内訳を見てみると、約50％という数字が浮かび上がってきます。この数字は、日本国内で産業界がどれだけCO_2を出し、家庭や業務部門、運輸部門等の産業界以外の部門からどれだけ排出しているのかを示す数字となっています。

そして、産業部門と民生・運輸部門の割合を見てみると、それぞれ約半分ずつの排出量となっています。

このことを踏まえて、連合はどのような政策をもって排出量削減に挑むにしても、産業界と民生部門をバランスよく削減していくスキームが必要と考えています。とりわけ、家庭や業務部門などの民生部門からの排出を削減する仕組みを、どう構築していくかが重要と考えているところです。

欧州で実施されている排出量取引制度（ＥＵ－ＥＴＳ）等も、産業界の排出量をコントロールする意味では有効かもしれませんが、民生部門をカバーする仕組みとはなっていません。世界に先駆けて民生部門を含めた排出削減の仕組みを構築することは、後の世界への普及を通じ、意味のある貢献となるのではないでしょうか。

なお、後ほどのパネル・ディスカッション（第3部）では、わが国においてもいろいろな地域で試行されている面白い事例などについても紹介できればと思います。以上が、４％と50％という数字の紹介です。

連合の環境政策の基本理念

日本労働組合総連合会（連合）の環境に係る政策の背景などをまとめたものがありますので、その中から抽出してお伝えします（**図1**）。

地球温暖化対策については、環境と経済の両立、環境対策を通して景気刺激を行うべきであるという指摘があります。

私たち連合も、その考え方に賛成しており、環境対策を行うことは景気対策になると考えています。環境と経済の両立は非常に大切なものであって、新しいイノベーションに支えられた国際

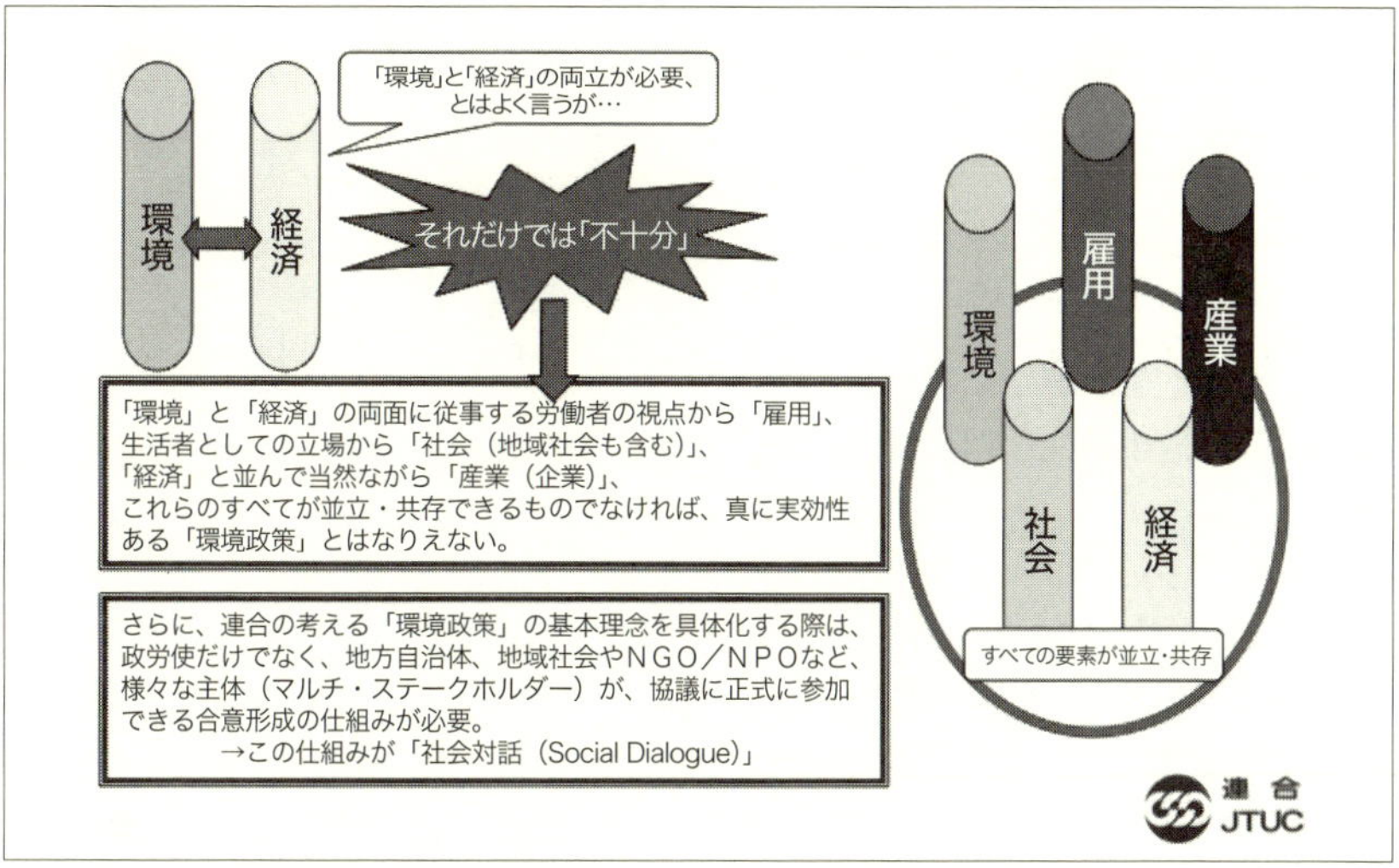

図１　連合の環境政策の基本理念

競争力を確保するとともに、最先端の低炭素技術を育成し、世界全体のCO_2排出削減に寄与していくことが求められると考えています。

そのためには、世界に立ち向かっていくことのできる新しい産業を生み出していくべきでないかと思います。もちろん、環境問題への対応は、社会づくりや、環境教育にも密接に関連してきますから、広い視野で政策対応を考えていくことが求められるものと考えています。

○公正な移行（Just Transition）

次にお話しするのが、「公正な移行＝ジャスト・トランジション」（Just Transition）という概念です。

地球温暖化対策を進めていく上で、極めて大切なことは雇用に関する政策対応です。CO_2削減を通して、みんながディーセント・ワーク

（きちんと処遇された仕事）がどんどん増えることが極めて大切であると考えています。

地球温暖化対策を適切に進めていけば新しい産業分野が創出できて、そこに雇用が生まれるという面がありますので我々も期待しています。一方で日本でも、石炭から石油という変革の時代がありました。石炭産業から石油産業へエネルギー供給主体が移行していくことによって、雇用も移動していったという時代があったわけです。

この環境対策を進めていく中で、今後、やはり同じような雇用問題が生じることを想定しておかなければなりません。もし、そのような時になっても、みんな頑張ってくださいと言うだけでは無責任であり、現実に働いている方々にとっては非常に不安であり、かつ厳し過ぎるのではないでしょうか。

先ほど、石炭から石油へのエネルギー移行の話をしました。温暖化対策を進めていくには、石油等の化石燃料から太陽光、風力等の再生可能エネルギーへの移行が想定されます。連合は、温暖化対策と雇用対策は同時に対応していくべき課題である、と考えています。

以上を踏まえて、連合は環境、経済、雇用、社会、産業が両立した環境政策を基本理念として据えています。地球温暖化対策は、環境と経済の両立を考えて推進するという視点だけでなく、雇用や地域社会をも含めて両立しなければいけないということです（図2参照）。

○社会対話（Social Dialogue）

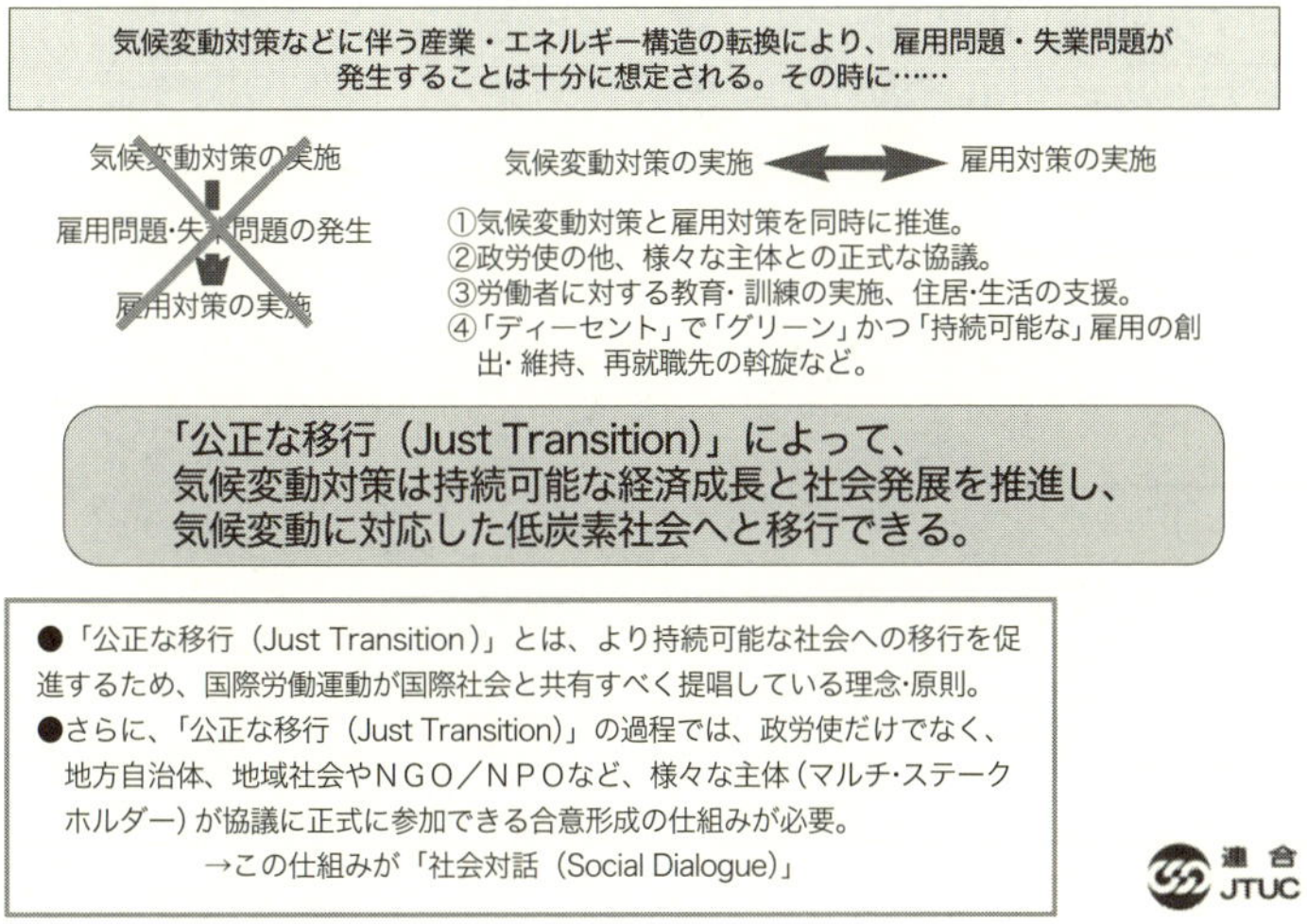
気候変動対策などに伴う産業・エネルギー構造の転換により、雇用問題・失業問題が発生することは十分に想定される。その時に……
気候変動対策の実施
雇用問題・失業問題の発生
雇用対策の実施
気候変動対策の実施
雇用対策の実施
①気候変動対策と雇用対策を同時に推進。
②政労使の他、様々な主体との正式な協議。
③労働者に対する教育・訓練の実施、住居・生活の支援。
④「ディーセント」で「グリーン」かつ「持続可能な」雇用の創出・維持、再就職先の斡旋など。
「公正な移行（Just Transition）」によって、
気候変動対策は持続可能な経済成長と社会発展を推進し、
気候変動に対応した低炭素社会へと移行できる。
●「公正な移行（Just Transition）」とは、より持続可能な社会への移行を促進するため、国際労働運動が国際社会と共有すべく提唱している理念・原則。
●さらに、「公正な移行（Just Transition）」の過程では、政労使だけでなく、地方自治体、地域社会やＮＧＯ／ＮＰＯなど、様々な主体（マルチ・ステークホルダー）が協議に正式に参加できる合意形成の仕組みが必要。
→この仕組みが「社会対話（Social Dialogue）」
連合
JTUC

図2　公正な移行（Just Transition）

地球温暖化対策としてCO_2削減を進めていくということが、経済面、雇用面を含めて全てポジティブな面だけが生じてくるのであれば何ら問題ありません。みんなで手を挙げて、みんなで突っ走っていけばよいでしょう。しかしながら、温暖化対策を進めていく上では、いろいろな面でネガティブな側面もあると考えています。エネルギーの変換に伴う産業構造の転換、そのことが雇用へ与える影響、生活の中での規制や新たなルールへの対応、等々です。

もちろん、ネガティブな側面があるから対策はとらないというわけにはいきません。世界中で、CO_2を減らしていかなければいけないのは極めて重要な合意事項です。しかし、その時にネガティブな側面をどうしていくのか、知らないふりをして、あるいは気づかないふりをするのではなく、すべての当事者がポジティブな

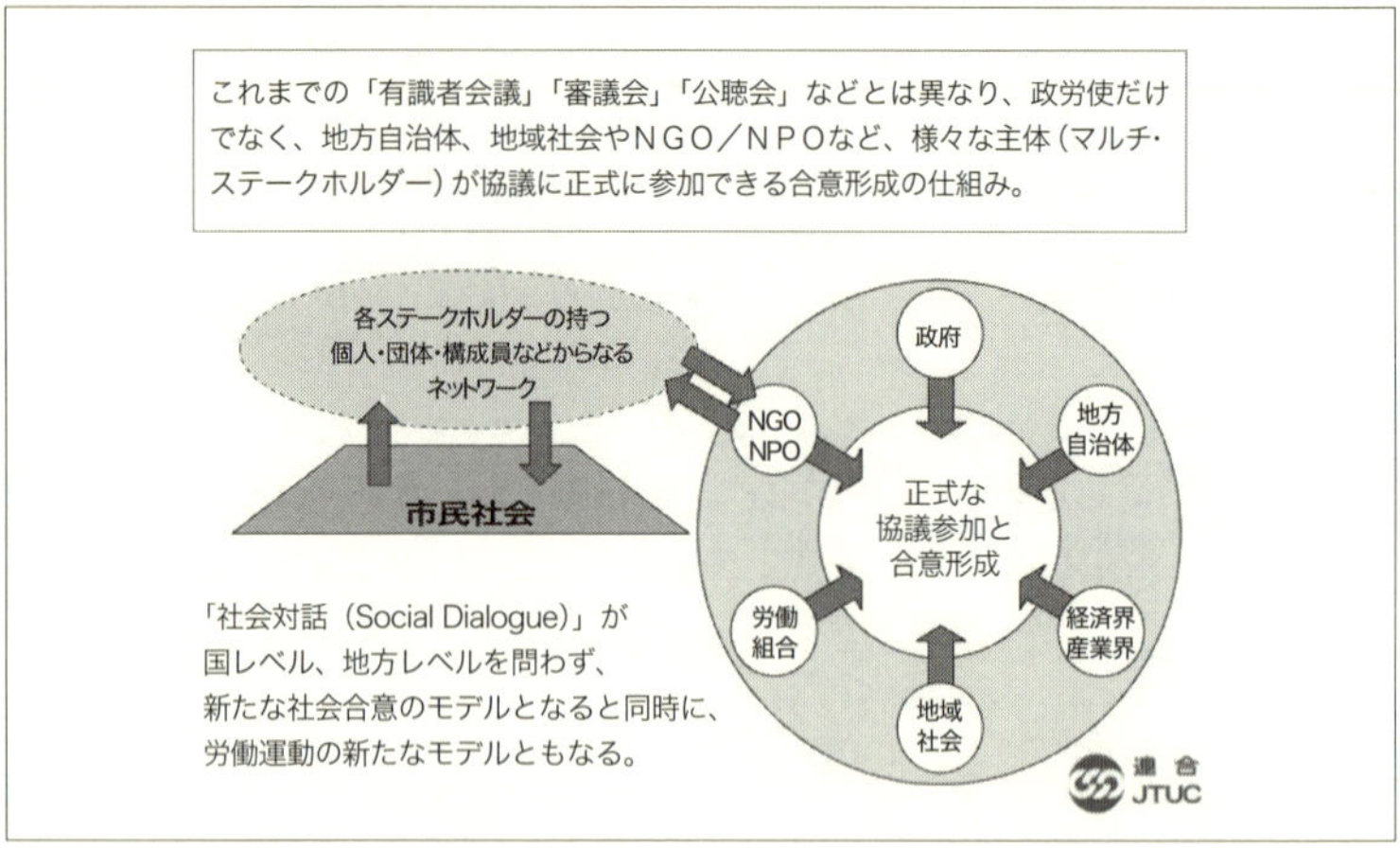

図3　社会対話（Social Dialogue）

側面もネガティブな側面もみんなが理解し、合意し、そして納得する。そのための手続きは、きちんと担保しておかなければならないと考えています。

そのための仕掛けを、我々は「社会対話」と呼んでいます（図3）。イメージで言うと、「○○円卓会議」という言い方、もしくは審議会のようなものを想定してもよいでしょう。無論、もっと幅広くＮＰＯの方々や消費者の方も含めて、あらゆる当事者が参加し、合意形成の営みに責任を持って参画する。そのような仕組みの中で、それぞれの役割、責任について全体で認識し合い合意する。そういうことを、仕組みとして担保していくことが必要だと考えています。

仮に雇用の移動が生じたときには、そのことに対して、当事者の合意のもとにしっかりとした対策を講じていかなければいけません。このことは政府が行うもの、各人が努力して行うもの、そうしたいろいろな面を含めて、雇用の公正な移行を担保するための社会対話、みんなの合意形成の仕組みづくりが必要だということをもう一度確認させていただきたいと思います。

ヨーロッパの労働組合においても、環境問題にすごく一生懸命取り組んでいるわけですが、ほんの一例を挙げますと、例えばある国では、政労使の3者がきちんとした社会対話システムを構築して、その中でどの雇用に影響があり、その雇用に対してどういう対策を講じるのかといったことが、しっかりした仕組みによって担保された中で議論され、実行されています。

そうした仕組みをそのまま輸入する必要はないかもしれませんが、公正な移行の一手法として取り入れ、これからわが日本でもやっていくということも重要ではないか、と考えます。

繰り返しになりますが、温暖化対策は企業だけが行えばよい話ではありません。もちろん、生活者だけが我慢すればいい話でもありません。この日本にいるすべての当事者が、それぞれの役割と責任に応じて行動し、実績を出していかなければなりません。そのための合意を形成する仕組み、このような仕組みを構築することが、今後の対策の中で大切になるということを発言しておきたいと思います。

「地球温暖化基本法」が、いろいろと議論されています。連合としては、これまで述べた社会対話の仕組みを法律でしっかり担保してほしいと強く訴えてきました。明日以降、どのような形になるかわかりませんが、この基本法の中に、もし社会対話に関するフレーズが入っていたら、それは私たちの思いの第一歩を記した法律であることを理解していただきたいと思います。

第6章 CO_2大幅削減を実現するヒートポンプ技術の動向

ヒートポンプ技術

日本政府は２０２０年までに温室効果ガスを25％削減する目標を掲げており、あらゆる政策を総動員して目標達成を目指すとしています。また、２０１０年に閣議決定した「新成長戦略」では、エコ住宅の普及、再生可能エネルギーの利用拡大や、ヒートポンプの普及拡大、ＬＥＤや有機ＥＬなどの次世代照明の１００％化の実現などにより、住宅・オフィス等のゼロエミッション化を推進する施策などが挙げられています。

25％という削減目標については、国際的な公平性や実現可能性、国民負担の妥当性等の観点から、十分に精査し、国民的な議論を尽くす必要がありますが、一方で、建築設備の耐用年数を考慮すれば、２０１０年に導入する設備のほとんどが２０２０年にも稼働しており、現時点から着実に温暖化対策を進めていく必要があります。そこで、家庭部門や業務部門の温暖化対策として大きく期待されているのが、エアコンやエコキュート（CO_2冷媒ヒートポンプ式給湯機）に活用されているヒートポンプ技術です。

ヒートポンプ技術とは通常の熱の流れとは逆に、低温物質から高温物質へ熱を移動させる技術であり、冷蔵庫やエアコンなどに古くから活用されています。このヒートポンプ技術は多くの研究者の努力により発展し、現在では日本が世界トップクラスと言われています。

そもそも、気体の圧縮と膨張による温度変化を利用し、熱を逆に移動させる理論が構築されたのは１８２４年になります。当時28歳であった、フランスの物理学者カルノーが「火の動力について」と題する論文を発表しました。ここで、高温物質から低温物質への熱移動で作動し、動力を取り出すことができる「カルノーサイクル」が提案され、車のエンジンの基本原理となっています。気体の膨張工程と圧縮工程を繰り返して動力を取り出す各工程の順番を逆にして、動力により熱を低温物質から高温物質へと逆に移動させるのが「逆カルノーサイクル」であり、ヒートポンプの基本原理となります。つまり、ヒートポンプとエンジンは同じ基本原理から出発し、逆の方向に発展した技術といえます。

先見的であったカルノーの論文は、発表当時には注目されず、彼の死後になってから、絶対温度の単位名の由来となったケルビン卿により認められ、世界に業績が広められました。

図1に、エアコンの暖房時を例として、具体的な構成要素イメージを示します。基本的な構成要素としては、圧縮機、膨張弁、２つの熱交換器（蒸発器、凝縮器）が冷媒回路で接続されてサ

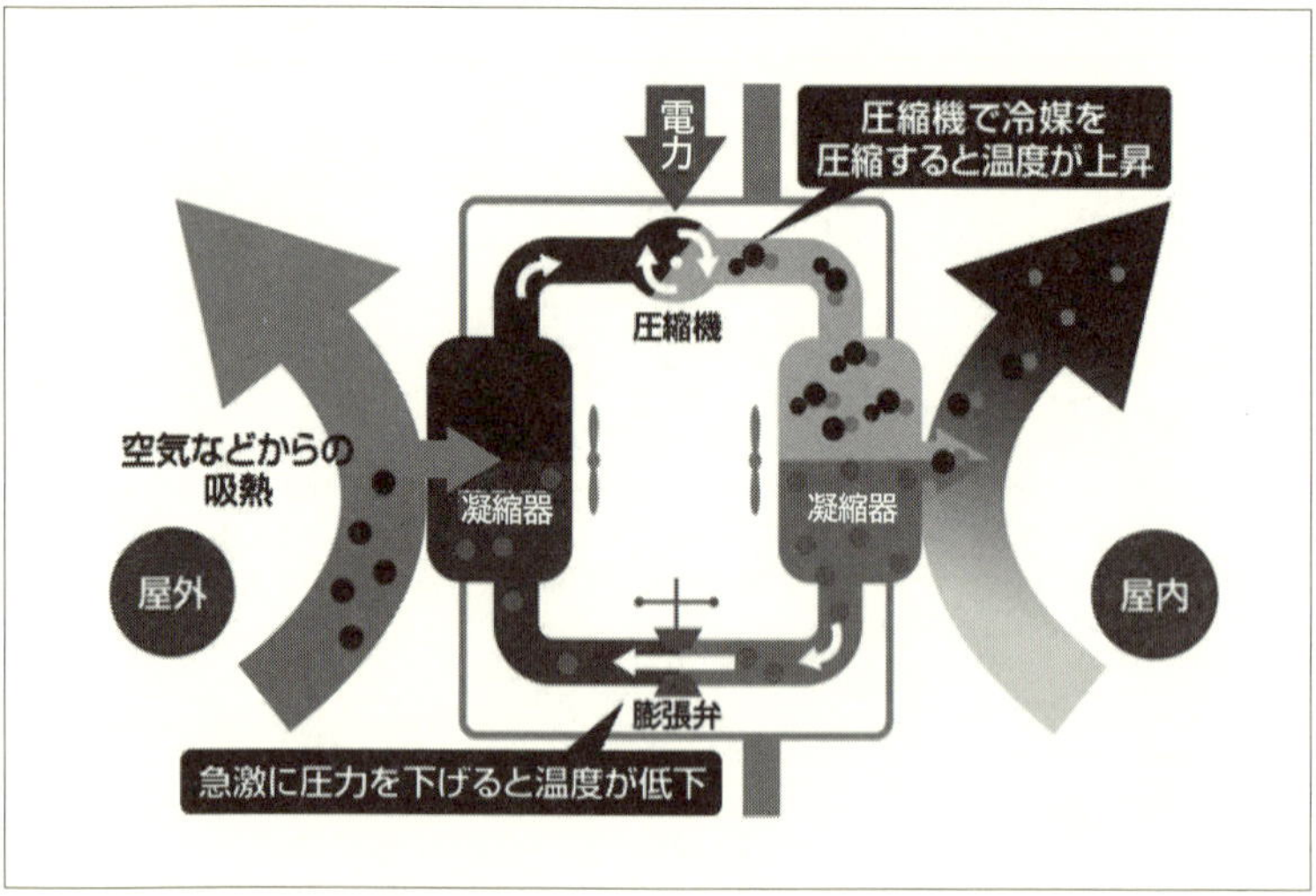

図1　ヒートポンプの構成要素

イクルを構成しています。各工程の流れとしては、まず、「外気より温度が低い冷媒」が蒸発器（室外機）で外気から熱を取り込みます。これは、高温物質から低温物質へ熱が移動する一般的な熱移動であり、「熱を取られた外気」は温度が少し下がり、「熱を取り込んだ冷媒」は温度が少し上がります。

次に、圧縮機で冷媒を圧縮して室温よりも高い温度まで上昇させます。そして、「室温より温度が高い冷媒の熱」が凝縮器（室内機）で室内に放出されて暖房を行います。

最後に、膨張弁で冷媒の圧力を下げることにより、冷媒が膨張して外気よりも低い温度になります。これらの4工程を繰り返すことにより、熱を逆に移動させることを実現しています。

ここで重要なのが、化石燃料の燃焼で熱を得たり、電気ヒーターで熱を得たりするのとは根本的に異なり、投入する電力エネルギーは冷媒を循環させるための圧縮機に用いられていることです。このため、投入エネルギー以上の熱エネルギーは得られないという常識と異なり、１の電力エネルギー投入に対し、６倍の熱エネルギーを暖房で利用することが可能となります。この効果により、発電所で消費する１次エネルギーやCO_2排出量を考慮しても、省エネルギーとCO_2排出量削減の効果が得られます。

ヒートポンプの冷媒

ヒートポンプの冷媒には、アンモニアやCO_2などの自然冷媒と、炭化水素中の水素をフッ素や塩素に置き換えたフロンの２種類があります。ＣＦＣ（クロロフルオロカーボンの略、炭素・フッ素・塩素のみからなる狭義のフロン）、ＨＣＦＣ（ハイドロクロロフルオロカーボンの略、ＣＦＣの元素に加えて水素を含む）の特定フロンはオゾン層を破壊するため、国際的な規制が進んでいます。

現在では、オゾン層を破壊しない代替フロンＨＦＣ（ハイドロフルオロカーボンの略、水素、フッ素、炭素を含む合成化学物質）が開発され、国内の空調用ヒートポンプの多くはＨＦＣが用いられています。一方、これらのＨＦＣ冷媒は、大気中に放出された際の地球温暖化係数が大きい特徴を持つため、家庭用エアコンや冷蔵庫については「家電リサイクル法」で、業務用冷凍機器などについては「フロン回収・破壊法」で廃棄時などのフロン回収が義務付けられています。

環境への具体的な影響を示すと、1キログラムのＨＦＣ冷媒（Ｒ―410Ａ：ＨＣＦＣ―22の代替冷媒として開発されたＨＦＣ―32、ＨＦＣ―125の2種混合冷媒）を用いている家庭用エアコンの場合、完全に大気に放出すると約2トンのCO_2と同じ温暖化効果を及ぼします。これは、一般的な年間世帯CO_2排出量である約5トンの40％となる排出量であり、東京の4人家族が飛行機で石垣島に旅行したCO_2排出量[1]に相当します。よって、エアコンを取り外す際には、自分で作業するのではなく、専門業者に依頼し、冷媒を回収してもらうことが必要です。

なお、エコキュートについては、高温給湯サイクルに適したCO_2冷媒を用いているため、廃棄時に冷媒を回収する必要はありません。現在、地球温暖化係数の低い冷媒を用いた空調用ヒートポンプの研究開発も進められていますが、技術的ハードルが高いため、当面は代替フロンの回収を適切に進めることが重要とされています。

ヒートポンプの導入効果

1999年の「省エネ法」改正により導入された「トップランナー制度」の影響による、高効率機器の開発競争の結果として、家庭用エアコンの効率はここ十数年で約2倍に向上しました。また、大型建物の冷房に用いられるターボ冷凍機も約4割の効率向上を達成しています。さらに、2001年に日本で初めて実用化したエコキュートにおいても「中間期の熱源機単体効率（ＣＯ

P）」が向上し続け、2007年から始まった新しい指標の「給湯システム全体の年間効率（APF）」においても効率が向上し続けています。

この効率向上の効果により、化石燃料を直接燃焼させる暖房機器や給湯器と比べて、CO_2排出量とランニングコストを大きく削減できます。さらに、エコキュートや氷蓄熱式空調システム（パッケージエアコンに氷蓄熱槽を組み合わせたタイプ、夜間につくった氷を昼間の冷房に使い、ピーク時の消費電力を低減）のように、ヒートポンプに蓄熱システムを組み合わせた場合には、割安な夜間電力が活用できるため、効率向上効果以上のランニングコストメリットを得ることができます。

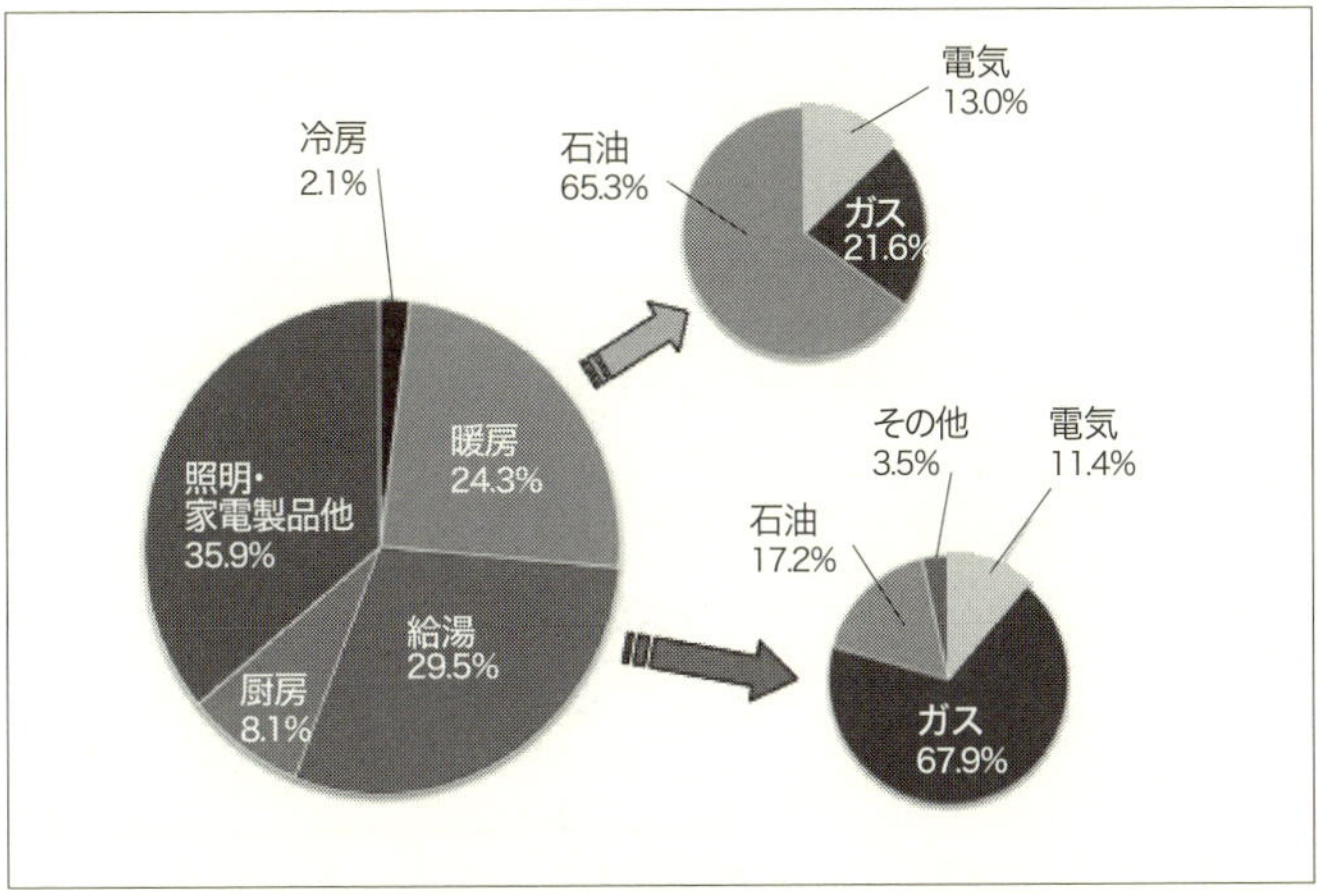

図２　家庭部門のエネルギー消費構造

（出典:日本エネルギー経済研究所編:EDMCエネルギー・経済統計要覧〔2010年版〕）

図2に家庭部門のエネルギー消費構造を示します。家庭で最もエネルギー消費が大きいのは給湯であり、暖房も合わせると家庭のエネルギー消費の半分以上を占めています。また、この2つのエネルギー種別内訳を見ると、化石燃料の燃焼が多く占めています。

また業務部門においても、飲食店や病院、ホテルの給湯需要が大きく、業務部門全体の約15％を占めています。温室効果ガスを大きく削減するためには、エネルギー消費が大きい分野を削減することが重要であり、従来型の燃焼式給湯器と比較してCO_2排出量を約半分に削減できるエコキュートや、高気密高断熱住宅と相性がよくCO_2削減効果が大きいエアコン暖房などが、すでに実用化されている温暖化対策として注目されています。

家庭用の暖房・給湯、業務用の空調・給湯、産業用ボイラーによる空調、100℃未満の加温・乾燥に用いているエネルギー消費量をすべて高効率ヒートポンプに代替したと仮定して試算すると、約1・3億トンのCO_2削減ポテンシャルとなり、国内総排出量の約10％に達する大きな削減ポテンシャルが見込めます（図3）。

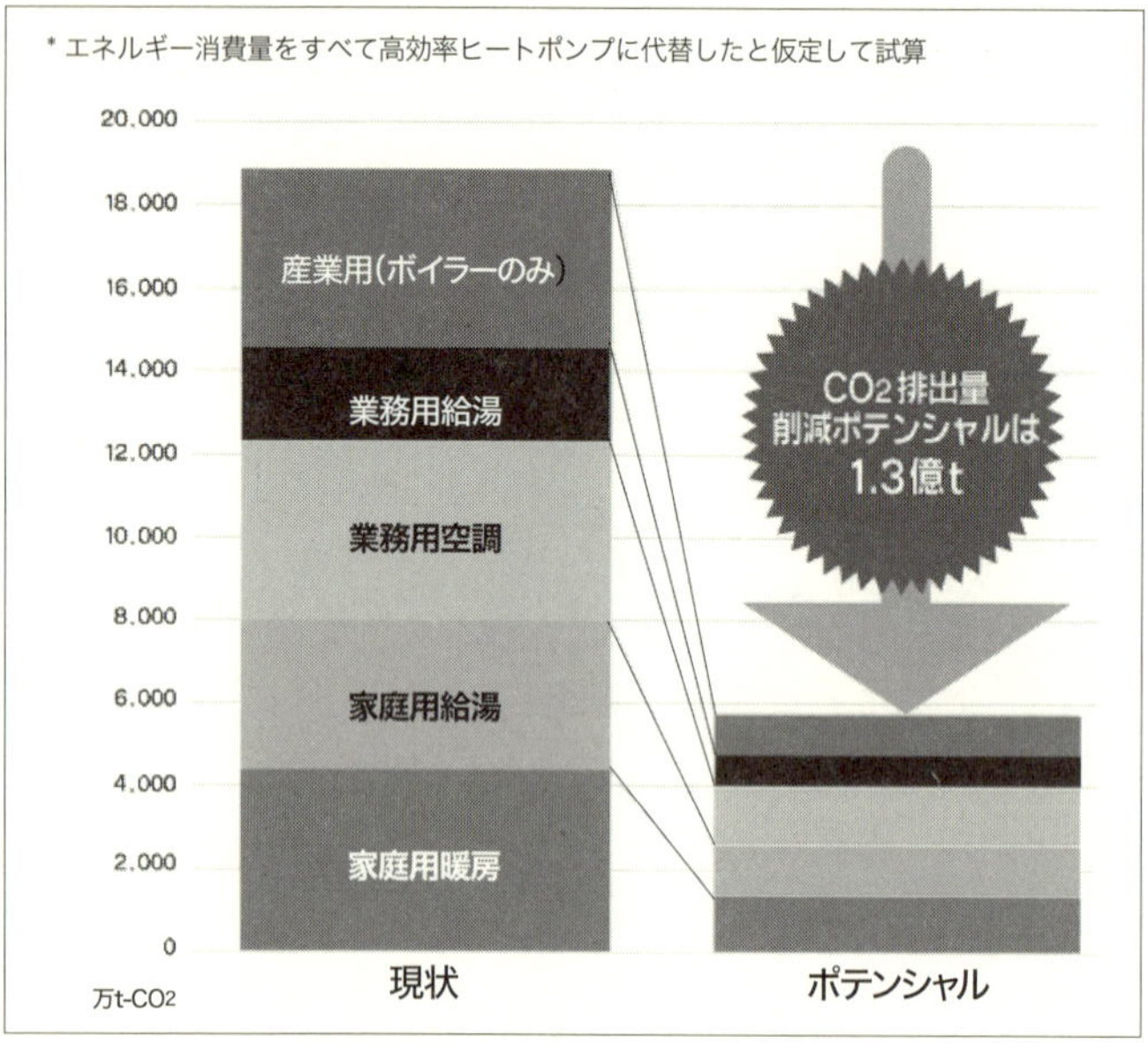

図3　高効率ヒートポンプのCO_2削減ポテンシャル
（出典：財団法人ヒートポンプ・蓄熱センター試算）

また近年、市場投入された産業用高

温生成ヒートポンプ（１００℃以上の蒸気や熱風を生成）や農業用ハウス暖房ヒートポンプの削減ポテンシャルを考慮すると約１・４億トンのCO_2削減ポテンシャル[2]となります。なお、ＩＥＡ（国際エネルギー機関）ヒートポンプセンターでは、ヒートポンプによる世界全体のCO_2削減ポテンシャルを約18億トンと試算しています。

ヒートポンプの普及推移および導入事例

近年の地球温暖化対策の機運の高まりにより、CO_2削減効果の大きいエコキュートやターボ冷凍機の普及が拡大しています。エコキュートは、２００１年の発売以来、急速に販売台数が拡大し、２０１０年9月末には２５０万台に達しました。

現在では、10社以上の国内メーカーがエコキュート市場に参入しており、床暖房もできる多機能タイプや集合住宅用、単身世帯に適した賃貸集合住宅用、リフォームを考慮したコンパクトタイプ、マイナス25℃にも対応可能な寒冷地タイプ、太陽熱温水器と組み合わせたハイブリッド型など、幅広いラインナップが市場投入されています。

ヒートポンプは、熱を移動させる技術であることから、多様な熱源を利用することができます。

図4の「小菅の湯」では、温泉排熱利用給湯ヒートポンプを導入しており、浴槽とシャワーの排湯熱を回収して、給湯加温や浴槽保温などに活用しています。また、経済産業省の国内排出削減

図4　小菅の湯（山梨県小菅村）

図5　東京スカイツリー地区熱供給
（写真：東武鉄道株式会社、東武タワースカイツリー株式会社提供）

量認証制度を活用しており、ボイラと比較した認証CO_2削減量を大企業へ売却しています。

図5の「東京スカイツリー地区熱供給」では、地中熱利用ヒートポンプを導入しており、建物の基礎杭に取り付けた熱交換チューブを用いる「基礎杭利用方式」や、垂直孔を採掘して挿入した熱交換チューブを用いる「ボアホール方式」により、地中熱を冷暖房熱源として活用しています。また、25mプール17個分の大規模水蓄熱槽と高効率ヒートポンプの導入効果と合わせて、国内の地域冷暖房で最高レベルである年間総合エネルギー効率1・35以上を実現させる計画です。

再生可能エネルギーとヒートポンプ技術

欧州での大きな関連動向としては、ヒートポンプが利用する空気熱などは無尽蔵なエネルギーであることから、これらを「再生可能エネルギー」として定義したことが挙げられます。再生可能エネルギーとは、自然界に存在する永続的に使用可能なエネルギーであり、ドイツ環境省の再生可能エネルギー報告書では、**表1**のように整理されています。太陽光線が「地表や大気の熱」に変換され、その熱を我々が必要とする温度域の熱に変換する技術としてヒートポンプが挙げられています。なお、そのままでは利用価値がない空気熱を「エネルギー」とする解釈は、財団法人ヒートポンプ・蓄熱センターのヒートポンプコラム[3)]で解説しています。

欧州の法令による定義としては、２００９年に施行された「再生可能エネルギーの推進に関するＥＵ指令」において風力、太陽光、地熱、水力、バイオマスなどに加えて、ヒートポンプが利用する熱の３形態を再生可能エネルギーと定義しており、河川水などの水熱や地中熱と同列に空気熱を定義しています。

国内では、２００９年に「エネルギー供給構造高度化法」が施行されたことにより、国内で初めて、法令により再生可能エネルギー源が定義されました。この定義では欧州と同様に、太陽光や風力と並び、ヒートポンプが利用する空気熱なども再生可能エネルギー源と定義しています。

1次エネルギー源	自然エネルギー	エネルギー変換		2次エネルギー
		自然界	技術	
太陽	バイオマス	バイオマス生産	コージェネ、転換設備	熱、電気、燃料
	水力	蒸発、降水、融解	水量発電設備	電気
	風力	大気の移動	風力タービン	電気
		波の動き	波力発電設備	電気
	太陽光線	海の潮流	潮力発電設備	電気
		地表や大気の熱	ヒートポンプ	熱
			海洋熱発電設備	電気
		太陽光線	光分解	燃料
			太陽電池	電気
			太陽熱設備	熱
月	引力	汐の干満	潮汐発電設備	電気
地球	放射性元素の崩壊	地熱	地熱コージェネ発電設備	熱、電気

表１　再生可能エネルギー変換の分類

Federal Ministry for the Environment:Renewable Energies - Innovations for a Sustainable Energy Future,2009.7,p7

さらに、２０１０年に閣議決定したエネルギー基本計画においても、熱分野の再生可能エネルギーの導入拡大方策として、ヒートポンプによる空気熱・地中熱の利用拡大が明記されました。

ＩＥＡ（国際エネルギー機関）が公表したＥＴＰ（エネルギー技術展望）２０１０においても、「電力供給の脱炭素化は『効率的なヒートポンプ』や電気自動車の導入による電化促進を通じて、最終需要部門の大きなCO_2削減機会をもたらす」とのメッセージ[4)]を挙げています。世界のCO_2半減という挑戦的な目標を達成するためには、需要側のさらなるヒートポンプ熱源機器の効率向上と普及促進により、経済成長と化石燃料消費の連鎖を断ち切ることが不可欠です。

技術立国の日本は、革新的な高効率ヒートポンプを開発し、その機器が世界全体へと普及することにより、国内削減効果を大幅に上回る貢献を果たすことが期待されています。

参考文献

1)カーボン・オフセットフォーラム：カーボン・オフセットの対象活動から生じるＧＨＧ 排出量の算定方法ガイドライン（ver.1.1）、２００９

2)ヒートポンプ経済効果研究会（ヒートポンプ・蓄熱センター、日本エレクトロヒートセンター、三菱総合研究所）：ヒートポンプ普及による経済成長寄与の見通しについて、２０１０・６・８

3)ヒートポンプ・蓄熱センターホームページ：ヒートポンプコラム①

4)ＩＥＡ: Energy Technology Perspectives 2010,2010,p49

第7章 家庭用温暖化防止対策の切り札、エネファーム

「エネファーム」の一般販売始まる

わが国が、２０００年代当初から官民挙げて開発に取り組んできた家庭用燃料電池は、さまざまな開発活動および実証事業を通じて、家庭でのCO_2排出を大きく削減できること、機器の信頼性、耐久性も商品レベルに到達したことが実証されています。

２００９年には、世界に先駆けて家庭用燃料電池コージェネレーションシステム「エネファーム」の一般販売が、国の「民生用燃料電池導入支援補助金制度」のもとに開始されました。初年度には、年初計画を上回る５２００台超の販売実績（補助金申請ベース）が達成されました。メーカーや販売を担うエネルギー事業各社は、エネファームを地球温暖化防止対策のための新たな家庭用商品の切り札と位置づけ、積極的な普及促進に取り組んでいます。

なお、「エネファーム」というネーミングは、自分のエネルギーを自分でつくる、「エネルギ

ー」と「ファーム＝農場」の造語で、家庭用燃料電池コージェネレーションシステムの業界統一名称となっています。

コージェネレーションと燃料電池

発電すると同時に発生する熱を有効利用するコージェネレーションシステムは、**図1**に示すとおり、発電効率と排熱利用率を合わせた総合効率が70～80％程度得られる省エネルギーシステムです。当初は、ガスタービンやディーゼルエンジンを原動機として、熱需要が比較的大きな業種、用途で普及が進んできました。近年では、都市ガスやＬＰガス利用のシステム機器としての技術開発が進展し、より小規模発電容量の設備として民生用途へも広く普及してきています。

一方、燃料電池は、技術開発の歴史は古く、宇宙開発分野においてその基盤技術が開発され、高効率発電技術として民生用機器への転用が進められてきました。従来からの燃焼系の発電システムであるガスタービンやガスエンジンなどと比較すると、規模にかかわらず高い発電効率が得られることが特長です。

エンジンやタービンなどの発電システムに比べ高効率で発電できるのは、化学反応から直接電気を取り出すことができるからです。燃料電池は、電解質の種類によっていくつかの種類があります。その中でも、作動温度が１００℃以下で、電解質の量産に向いている固体高分子形燃料電

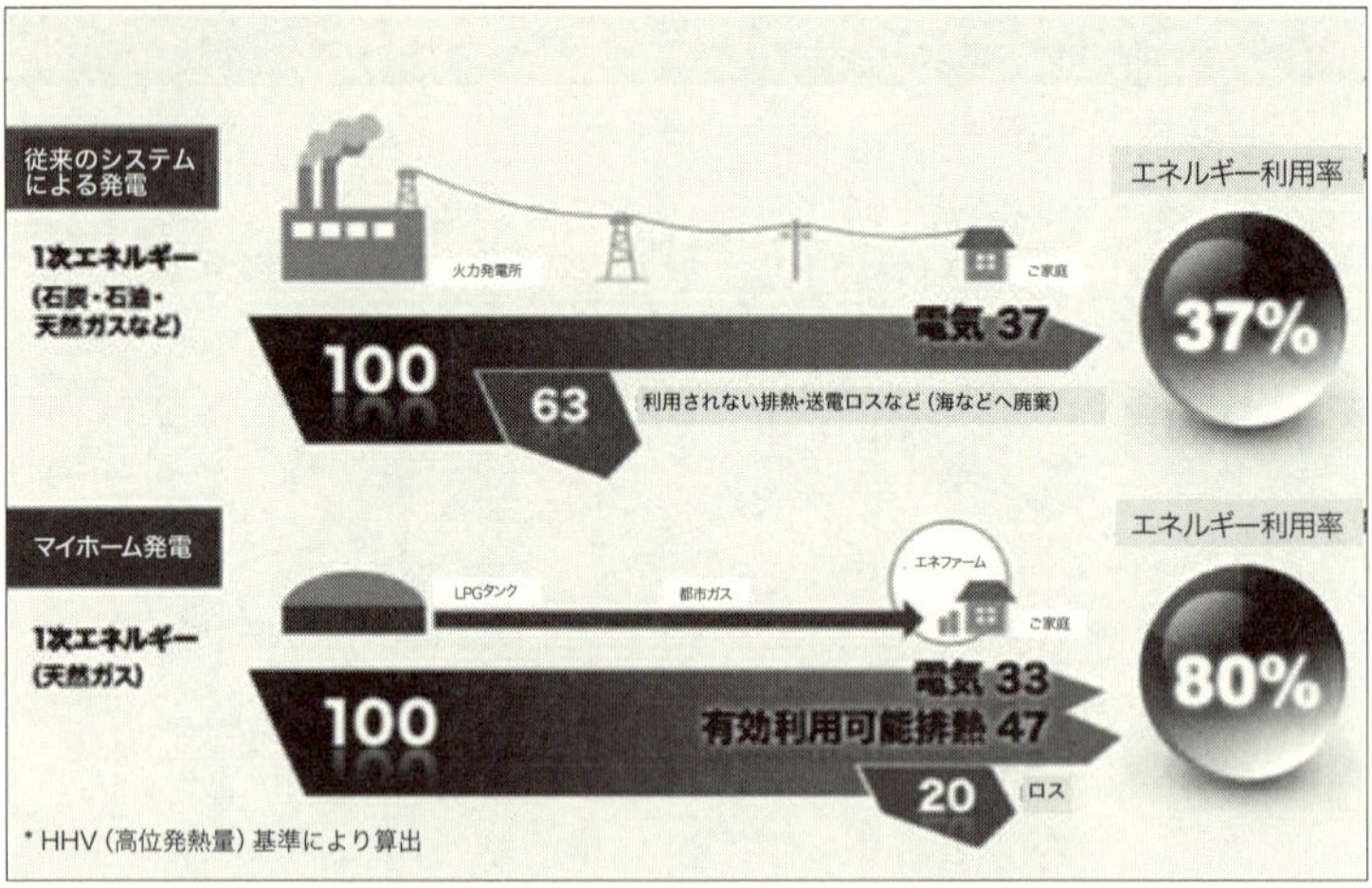

図1　総合効率を70〜80%程度得られる省エネルギーシステム
（出典:エネルギーの使用の合理化に関する法律）

池（PEFC：Polymer Electrolyte Fuel Cell）は、比較的容易に取り扱いができるので、家庭用途向けに技術開発が進んできました。

○家庭でのエネルギー消費とエネファーム

一般家庭の用途別エネルギー消費の割合を『平成20年度エネルギーに関する年次報告書』（資源エネルギー庁）で見ると、照明・家電・冷房による電力消費が約4割、給湯・暖房でのエネルギー消費（都市ガス・LPガス・灯油・電気）が約5割程度となっています。

これは平均的な数値ですが、家庭生活の用途別エネルギー消費は熱需要の占める割合が大きく、コージェネレーションシステムにとっては、省エネ性能を大きく発揮できるエネルギーバランスであるといえます。それゆえに、「エネファーム」はエネルギーを創出する側から、家庭内の電気と熱需要をバランスよくトータルに省エネできるすぐれたシステムであるといえるのです。

エネファームのシステムと導入効果

エネファームは、２０１０年現在、パナソニック（株）、東芝燃料電池システム（株）、（株）ＥＮＥＯＳセルテックの3社から、都市ガスとＬＰガスを燃料とするタイプ（パナソニックは都市ガス用のみ）の製品がそれぞれ一般発売されています。

発電出力は、３００ワット～1キロワットもしくは２５０ワット～７００ワットの範囲で、それぞれの電力需要に応じて運転していきます。また、定格（適正な使用方法）での発電効率（ＬＨＶ）は35～37%以上で、排熱利用率も含めた総合効率では80%を超えるレベルに仕上がっています。

これらの商品は戸建て住宅に向けて、東京ガス（株）、大阪ガス（株）、ＪＸ日鉱日石エネルギー（株）等のエネルギー事業者から、それぞれの販売チャネルやハウスメーカーを経由して販売され、設置されています。

○システム構成と動作

エネファームのシステム構成を**図2**に、外観と機器仕様例（パナソニック製）を**図3**に示しました。

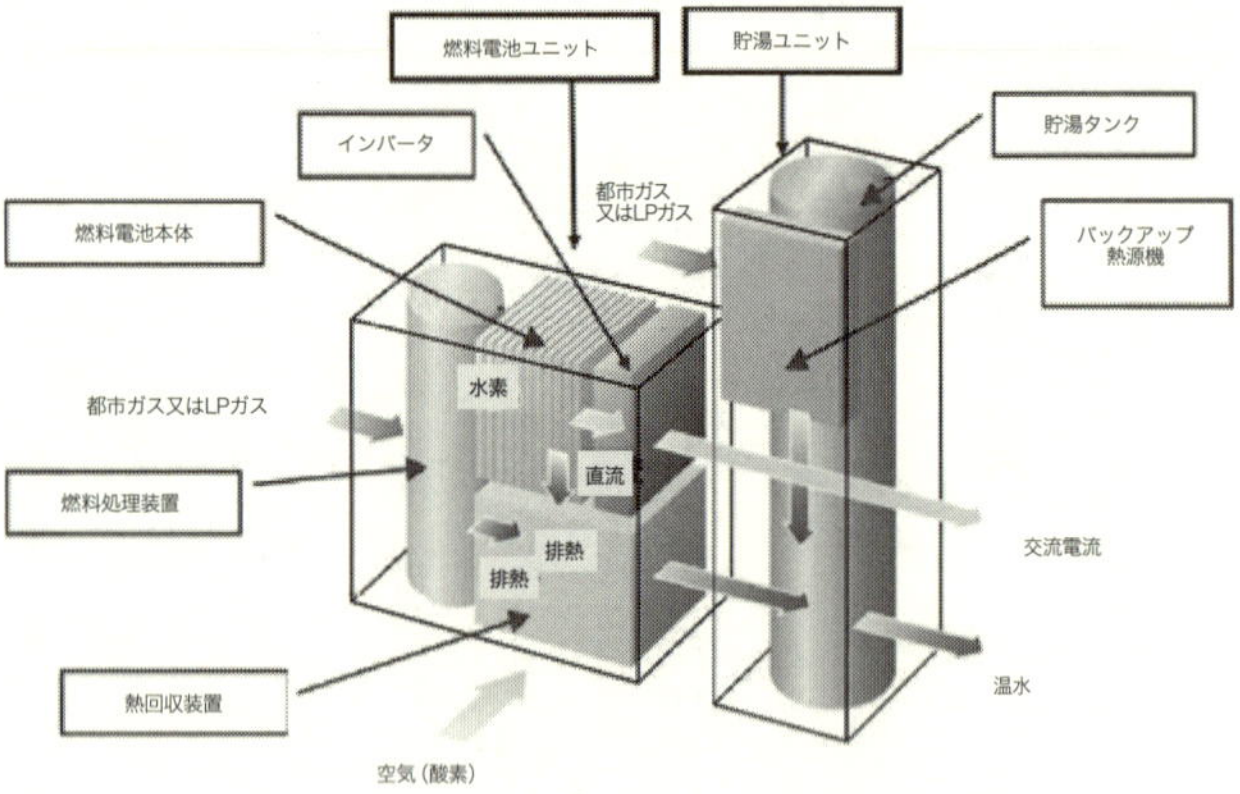

図2　エネファームのシステム構成

図3　外観と機器仕様例
（パナソニック製）

燃料電池ユニットでは、まず燃料処理装置で都市ガスやＬＰガスから水素を取り出します。

これはメタンやＬＰガスの炭化水素に水（蒸気）を添加し、高温条件下で触媒を通じて水素（H^2）へ改質しますが、ミニ化学プラントを内蔵しているともいえます。

作り出された水素は、燃料電池本体で空気中の酸素と反応して直流の電気を発生します。

発電の原理は、電極・電解質を介して水素と酸素が化学反応する際の電子の流れを取り出すもので、水の電気分解の逆の反応であるといえます。

発電された直流電流は、インバータで交流に変換され、商用電力と系統連系したうえで、家庭内の電力に供給されます。

一方、発電時の排熱を回収するために、上水を内部循環させて60℃の温水として取り出し、２００リットルの貯湯タンクに貯えて給湯や風呂等に使用し

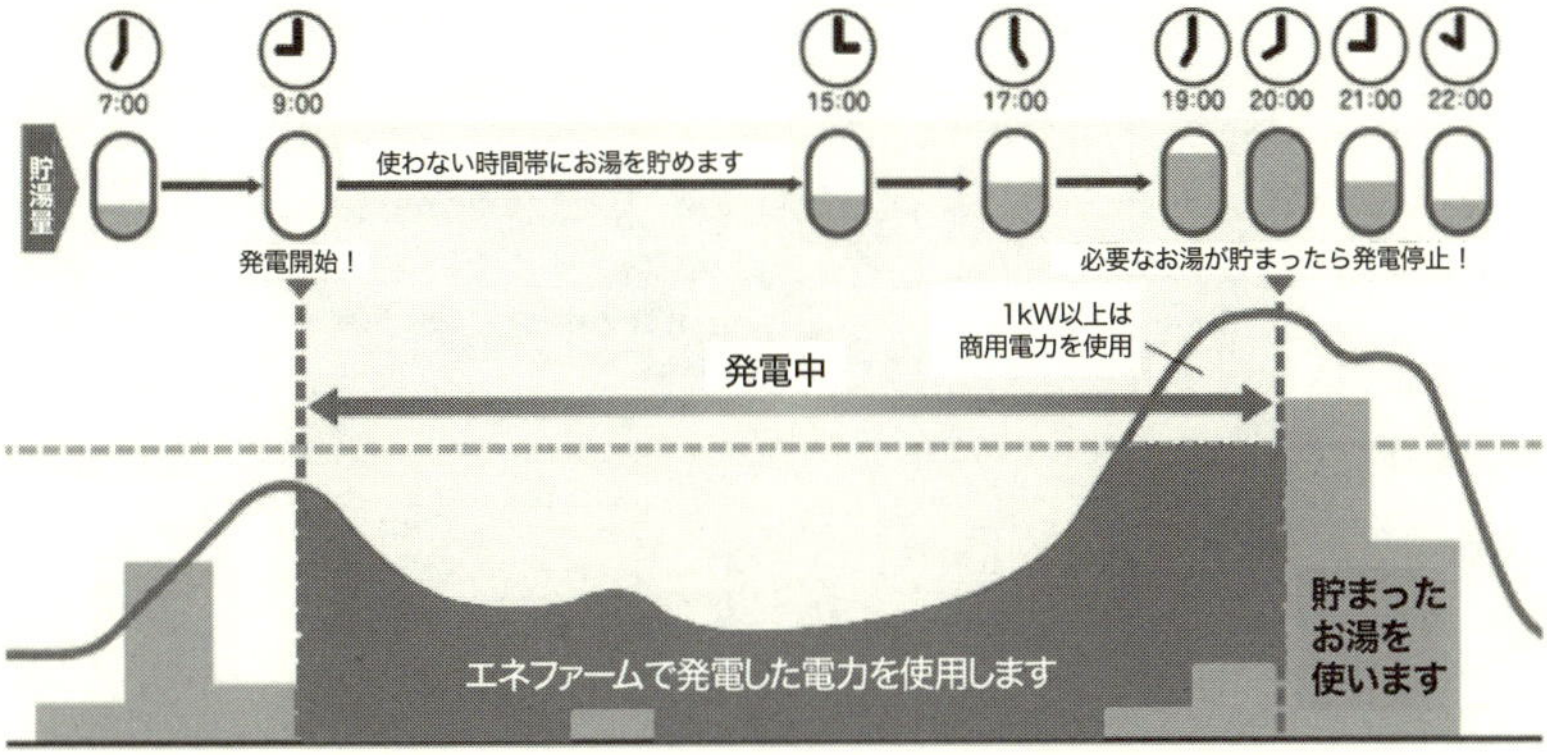

図4　日々の運転イメージ

ます。

これは、一般的な浴槽への湯張りと数名分のシャワー利用量に相当します。貯湯を使い切った際には、必用に応じてバックアップ熱原機が機能するので、貯湯量レベルを気にすることなく給湯利用が可能となります。

日々の運転イメージを図4に示しました。

通常は、自動運転モード設定で個々の家庭の生活実態に合わせて、省エネとなるような運転をエネファームまかせで行います。

これを学習運転と呼んでいますが、常時、家庭のエネルギー使用（電気、給湯等）を計測・記憶・予測しながら運転制御しています。給湯負荷が最大となるのは、風呂湯張り時なので、その予測湯量・予測時刻から逆算して発電時間を決めるという、賢い自動運転機能が組み込まれているのです。

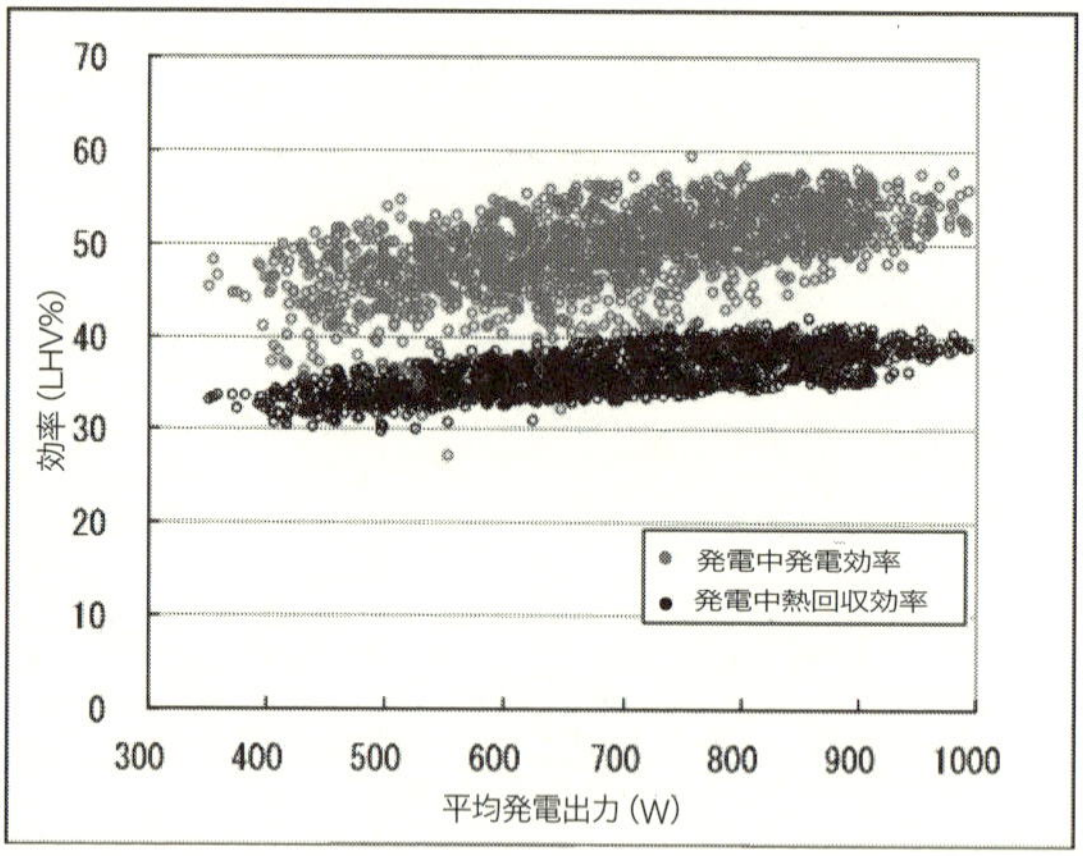

図4　発電中発電効率と発電中熱回収効率の月平均値（実稼動機258台）
(出典:東京ガス公開データ)

○性能と導入効果

エネファームの機器としての定格発電効率や排熱利用率は、前述したとおり高い値を示していますが、実際のフィールドに設置された場合の実力が気になるところです。

図4は、新エネルギー財団が実施した「定置用燃料電池大規模実証事業」において、２００８年７月～２００９年３月の間の実稼動機２５８台の発電中発電効率と発電中熱回収効率の月平均値を示したものです。

定格運転はもとより、最低出力付近でも30％の発電効率を上回っており、運転全体を通して高効率な発電を実現していることがわかります。

図5に「定置用燃料電池大規模実証事業」で実証された導入効果を示しました。

同事業では、２００５年度から4年間にわたり合計３３０７台のエネファームを実家庭に設

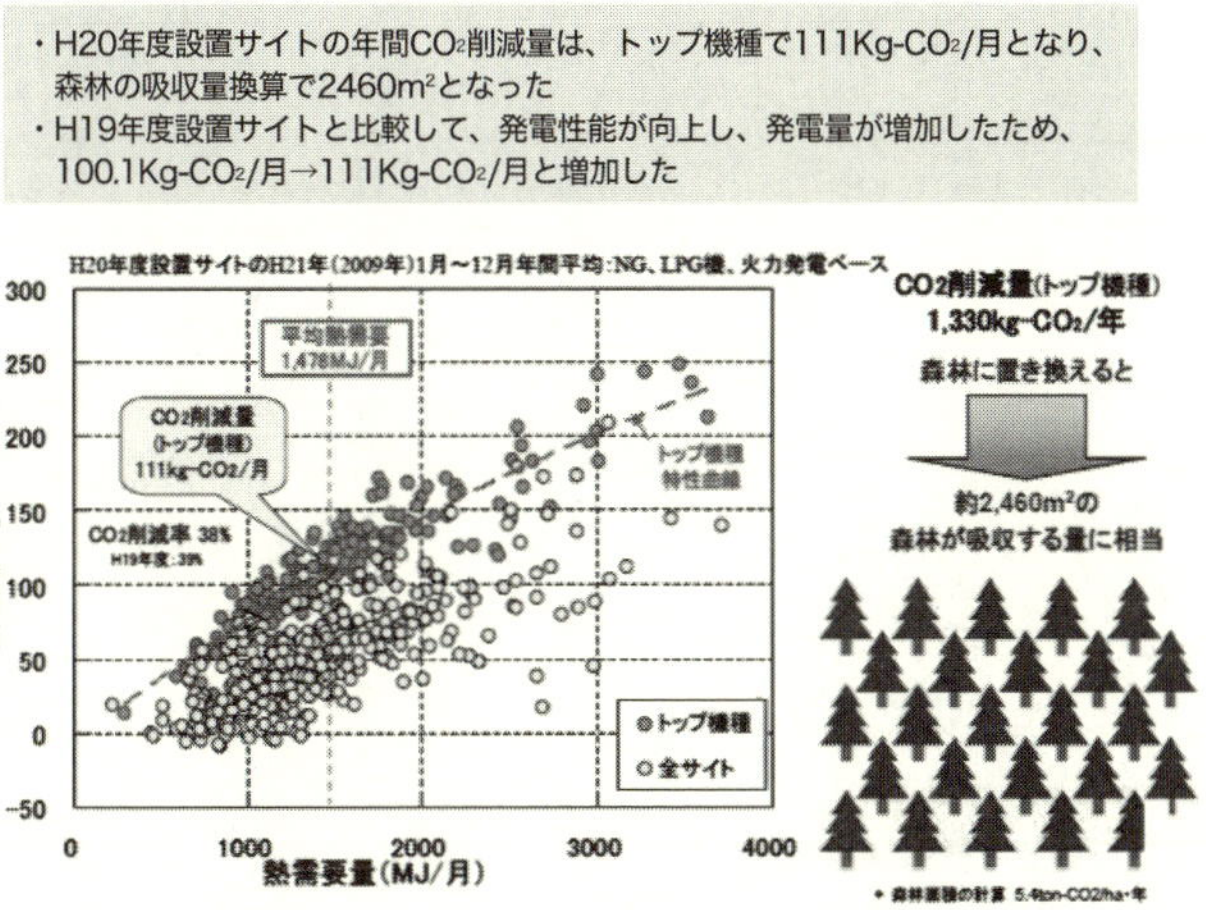

図5「定置用燃料電池大規模実証事業」で実証された導入効果
(出典:新エネルギー財団公開データ)

置してきました。

２００８年度設置のトップ機種においては、従来システムと比較して、ＣＯ$_2$排出量において、年間１３３０キログラムのＣＯ$_2$（38％）削減の効果が実証されるなど、カタログスペックだけでなく、実運転環境下でも優れた特性を示すことが確認されました。

これは、個別の省エネ行動と比較しても桁違いに大きな効果であり、電気・給湯を供給元から対策できるコージェネレーションシステムの特長といえます。

ガス代・電気代といった光熱費は、各社の料金設定によっても差異がありますが、この場合年間５～６万円のランニングコスト削減効果が見込めるとしています。

エネファームの今後の展望と課題

家庭用燃料電池エネファームは、家庭用分野での地球温暖化対策の切り札として期待され、2009年に市場導入が開始されました。しかしこの商品が、地球温暖化防止に実効的に寄与するレベルまで本格普及するには、費用対効果という点での魅力を数段高める必要があり、取り組むべき課題はまだ多く残されています。

課題の中でも、まずはコストダウンに資する取り組みを最優先に進めなければなりません。エネファームのコスト低減につながる本格的な生産体制立ち上げが可能な市場規模を早期に確立できるよう、国の支援補助金事業は今後しばらくの期間は欠くことができないものと考えます。一方、メーカー、エネルギー事業者も、部品点数の削減、安価な材料の採用、簡素なシステム設計など一層の技術開発が必要です。

適用性の拡大も大きな課題です。現在は、戸建て住宅が対象ですが、よりコンパクトな仕様にすれば、戸建て住宅はもとより集合住宅への広がりが見込め、その数は飛躍的に伸びると思います。また、現在、都市ガス用としてはLNG（液化天然ガス）系のガス組成のエリアで導入されていますが、わが国を見渡すと非LNG系の燃料ガスもあり、さらには灯油等の一般的な多様な燃料にも対応可能なシステムの実現が望まれます。

エネファームは家庭での省エネルギー、CO_2削減への切り札として高い潜在能力を有していますが、ようやく市場導入が実現できたレベルに過ぎません。今後も引き続き官民が一体となった取り組みにより課題を着実に解決して、本格普及を早期に実現し、家庭分野での地球温暖化防止への貢献を期待したいものです。

第8章 暮らし方・住宅づくりでの地球温暖化防止

地球温暖化と市民・生活者の責任

地球温暖化を招いた温室効果ガスの代表、二酸化炭素（以下CO_2）の過剰な排出は、資源・エネルギーの大量消費が主な原因です。その責任は、大口排出源の企業や、政策に責任を負う行政だけのものではなく、豊かで便利な暮らしを享受している市民、生活者1人ひとりにも責任があります。

生活の基盤である住宅は、日常生活によるエネルギー消費がCO_2の排出に直結することは言うまでもなく、他の建築と同様に資材製造、建設、廃棄の過程でもエネルギーが消費されます。最終的に廃棄物は、地域の土地利用を混乱させ、土壌や水を汚染します。当然のように求め続け、獲得した「便利で豊かな暮らし」が、地球温暖化など環境破壊を招いたと言っても過言ではありません。

物質の大量消費・廃棄によって得られた豊かさや満足に代わる目標像は、環境と調和した社会基盤と精神性に重心を移した幸福感でしょう。それを実現する具体策と価値観の再構築が重要になります。

家庭用エネルギーの基礎知識

家庭用エネルギー（自動車の燃料は含まず）は、用途別に冷暖房、給湯、調理、照明・家電に区分されます。その比率を全国平均で見ると、順に28％、33％、8％、31％となり、冷暖房、給湯、照明・家電が3割前後を占めています。

もうひとつの区分方法は、電気、ガス、灯油のようにエネルギー種別によるものです。かつて暖房は灯油、給湯・調理はガス、冷房と照明家電は電力と、用途別に一種の棲み分けがありました。最近は、家電製品の増加に加えて、給湯や調理加熱にも電力利用の増加傾向が見られ、2007年の家庭用エネルギー消費によるCO_2排出は、約61％が電力の消費に起因します（**図1**参照）。

家庭で消費される平均エネルギー量のうち、約42％を占める電力がCO_2排出の比率になると約61％に高まるのは、発電・送電における損失が大きいからです。火力発電所で消費される燃料に対し、家庭に届く電力エネルギーは40％程度に過ぎません。つまり電力は、発電時の廃熱を捨てながら作られた最高品質のエネルギー形態で、電熱器で熱に戻すのは無駄の多い使い方です。

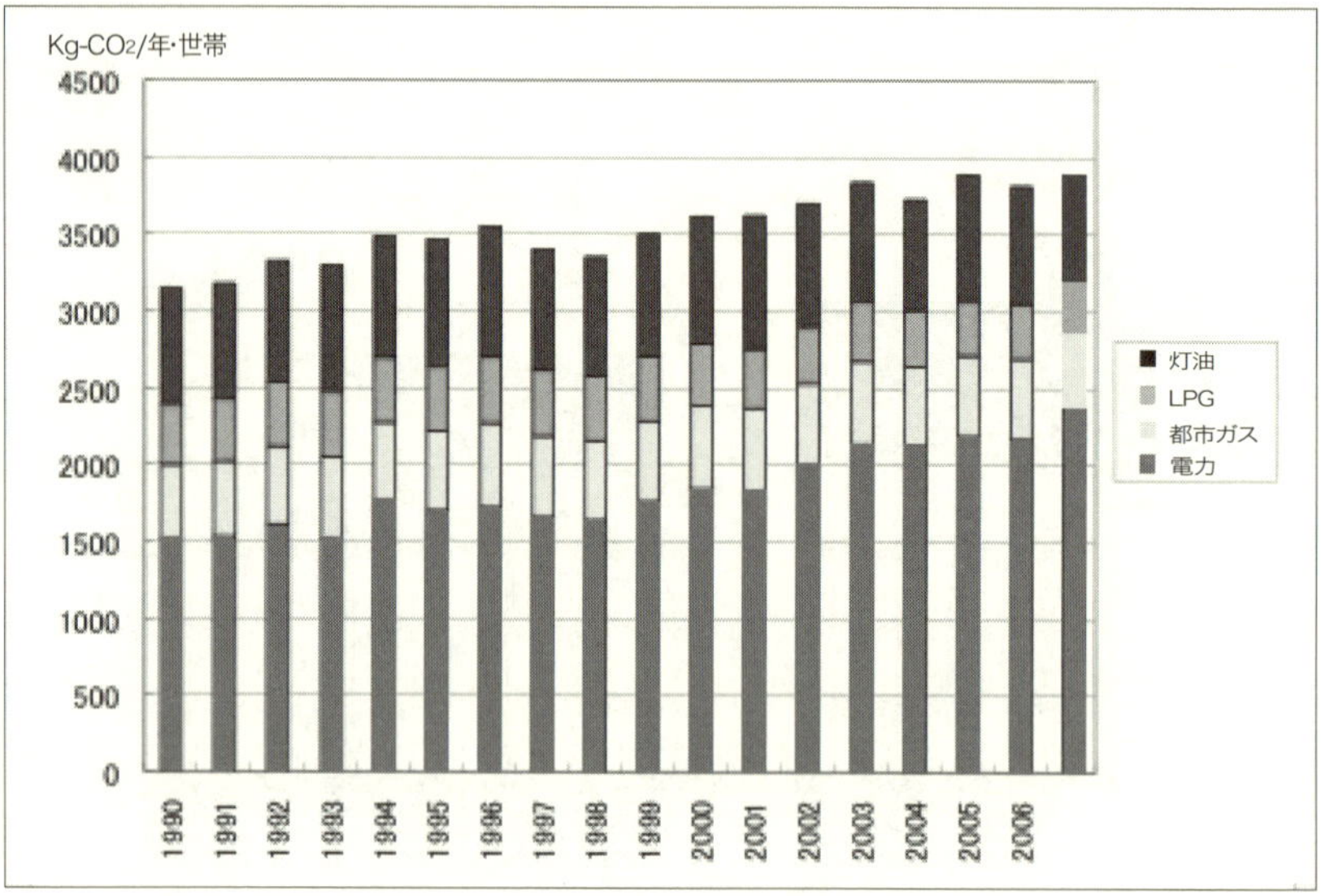

図１　エネルギー種別、1世帯当たり年間CO_2排出量の推移
（出典：本文中の数値を含め家庭用エネルギー統計年報他／住環境計画研究所、電力のCO_2排出係数は電事連資料）

家庭で最大のCO_2排出源である電力の消費を抑制する効果は大です。ただし、温暖な地域で暖房に高効率な電気エアコンを利用することは、火力発電所で消費される燃料以上の熱量を獲得でき、省エネになります。

暮らし方で省エネとCO_2排出削減

暮らし方の工夫による省エネルギーはある程度可能で、同時にCO_2の排出削減になります。にもかかわらず、CO_2の排出削減がなかなか進まない理由のひとつに、エネルギー消費やCO_2排出を実感できないことが挙げられます。目に見えないCO_2やエネルギー消費量を目で見て実感するには、自宅で消費したエネルギー量を継続的に記録することが有効です。毎月の電気・ガスの伝票を保存し、表やグラフに整理して眺めることです。さらに、各エネルギーに所定のCO_2排出係数を掛け、世帯当たりの標準的な排出量と比較すれば、排出状況をより客観的に見ることができます。これは「環境家計簿」という形で、ウェブ上で記入・計算様式を提供されています。代表的なものを例示します。

http://www.carbonfree.jp/100.html（ＮＰＯローハスクラブ）

http://www.eco-family.go.jp/practice/index.html（環境省）

https://www.stop-ondanka.com/（ＮＰＯ地球村）

次に、省エネ行動を実践することが必要です。その積み重ねが、CO_2排出量を減らします。投資額が小さく、最も身近な省エネ手法として、以下ような行為が有効です。

①スイッチつきのタップを用い、待機電力をカットする

②白熱電球を電球型蛍光灯やＬＥＤ電球に置き換える

③電熱による保温（湯沸かしポット、炊飯器など）を避ける

④冷蔵庫・エアコンなどの家電製品の買い替えに際しては、高性能な機種を選ぶ

言うまでもなく、無駄に点灯または運転されている電気器具、ガス器具を面倒がらずに消すことは、省エネ行動の基本です。

住宅の省エネ化とエコ住宅づくり

暮らし方の工夫による省エネは大切ですが、それだけでCO_2排出25%削減は難しいでしょう。ましてや、長期的な目標であるCO_2排出半減や80%削減には遠く及びません。また、省エネ行動を強制されたり、我慢と感じては長続きしません。抵抗なく満足感を感じつつ省エネを実践するには、住宅の形や性能の改善が必要です。ある程度の投資は要りますが、その多くは光熱費の節減や快適性向上などに見合うものです。

省エネ性が高いだけでなく、住宅全体として健康・快適が保たれ、かつ地域の自然や環境と調和したものは、環境共生住宅ないしエコ住宅と呼ばれます。その原則は、（1）低環境負荷（Low Impact）、（2）自然親和性（High Contact）、（3）健康・快適性（Health & Amenity）の3点に要約されます。

健康・快適は、エコ住宅でなくても誰もが求める要素なので、ここではそれを前提にいかに少ないエネルギー消費と資源廃棄で実現するかが焦点となります。自然との親和性は、暑さ寒さなどに対処できること、廃棄物で環境を汚さないこと、植物の力で快適な温熱環境を維持することなどを通じ、省エネ・省資源とも重なります。

まず、資源の有効利用には、住宅の取り壊しの抑制と長寿命化が有効です。わが国の住宅は、

30年程度で建て替えられ、欧米の常識に比べてあまりにも短いのです。今すでに建っている住宅を改善しながら、長持ちさせることが最も有効な対策でしょう。止むを得ず新築する際は、物理的にも機能的にも１００年は使えるように配慮した住宅を建設すべきです。

次に、日常生活で消費されるエネルギーの累積は、住宅の建設と廃棄に要するエネルギーの数倍に相当し、その削減策はより重要です。

建築設計で第一に考慮すべきは、内部と外部を隔てる屋根、外壁、床下などの断熱性の確保です。窓ガラスは、単位面積当たりの熱の出入りが最も大きい場所なので、二重ガラスにしたり、断熱性のある雨戸ないし内部建具を設けます。断熱性が向上することで暖房エネルギーが少なくて済むばかりか、快適性が格段に向上します。

夏の暑さ対策には、日射遮蔽が必須です。窓から日差しを入れないのが第一で、壁も日射遮蔽をして影にすることが有益です。そのためには簾《すだれ》、ヨシズのほかブラインドを外部に設けるのが効果的で、「オーニング」と呼ばれる日除けシートもあります。アサガオやゴーヤーで作る「緑のカーテン」は見た目も涼しげで、壁面にツタなどの植物を這わせる「壁面緑化」も有効です。

設備的な省エネ対策は、効率の高い機種を採用すること、効率の悪いものは利用しないことに尽きます。とくに消費エネルギーの大きい給湯器、冷蔵庫、エアコン、テレビなどの機種選定は重要です。

給湯器の選定にあたっては、ガスなら潜熱回収型のガス給湯器（エコジョーズ）を、電気を利

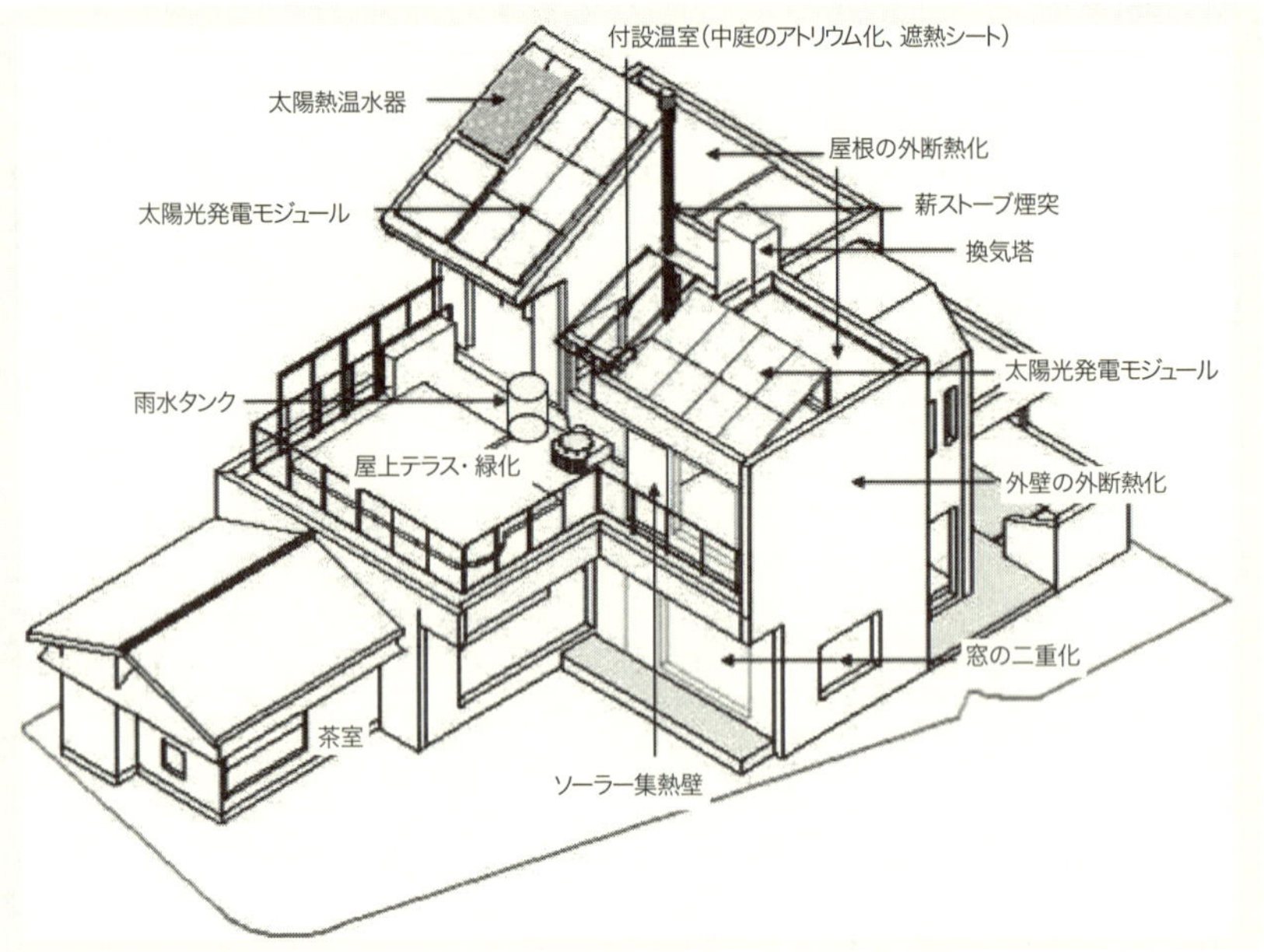

図２「再生エコハウス」、省エネ・エコ改修の概要

用するならヒートポンプ型の電気給湯器（エコキュート）を採用するのが省エネになります。

一方、電熱を利用した「電気温水器」は、最もエネルギー効率が低く、CO_2排出削減に逆行する設備です。エコキュートも深夜電力を利用した貯湯方式なので、小世帯の場合やお風呂に入らない日はせっかく沸かした湯が無駄になり、使い方により必ずしも省エネになりません。

省資源と省エネを同時に達成するには、既築住宅を省エネ改修するのが最も有効な方策でしょう。

古くなったからといって建て替えるのではなく、今ある住宅に環境的な価値を付加することで真の「環境共生住宅」が実現できます。その典型例として、筆者の自宅「再生エコハウス」の外観と採用した環境要素技術を**図2**に紹介します。

太陽エネルギーの活用

建築設計の工夫と設備機器の選択によって、かなりの省エネは達成できますが、限界があり、「CO_2排出ゼロ」は無理です。住宅として、ほどほどの快適性、利便性を維持しながら劇的にCO_2排出を減らすには、エネルギー源を電力、ガス、灯油などに頼りきらず、以下のような太陽エネルギーを積極的に活用することが必要です。

○太陽光発電

これは、住宅の屋根に太陽電池モジュールを並べて載せ、日射で生じた直流の電気をパワーコンディショナーで交流に転換し利用する、というものです。余った電力は、配電網に逆潮流（発電設備から電力会社の電力網に電気を流すこと）して電力会社へ売れます。2009年末から買い取り単価が48円/キロワットアワー（kWh）と倍額になり、投資額の回収が十分見込めるようになりました。政策的支援が普及の後押しをしています。

太陽光発電は、CO_2や放射性廃棄物を排出しない文字通り「クリーンな電力」を生み出します。

また風力発電のように騒音も出さず、住宅地に適した発電方法です。太陽光発電で節電意識が高まると言われるのは、受身的な電気消費者から、発電し売る立場に変わるからでしょう。

太陽光発電のCO_2排出削減効果は、自家消費分がゼロになるだけではありません。逆潮流された電力は、発電所の出力を抑制し、その分のCO_2排出を減らしたと見なせます。負荷変動に応じた調整は火力発電所が受け持つので、削減量は火力発電のCO_2排出係数で評価するのが客観的です。「火力電源平均」の係数は、全ての発電所平均の「全電源平均」に較べ格段に大きいので、排出を減らす効果も大きいのです。

○太陽熱給湯

太陽熱で水を温め給湯に活用する方法は、太陽熱温水器という形で比較的古くから普及しています。そのCO_2削減効果が大きいにもかかわらず、古い設備の撤去が新設を上回り、設置件数は減少している模様です。

電力と異なり、太陽熱温水器が獲得する熱量を数値で確認するには、測定器具が別に必要です。筆者は自宅に設置した１６０リットルの真空管貯湯式温水器で長期計測を行い、年間給湯熱量の約７割を太陽が、約３割を都市ガスが担ったことを確認しました。

夏季は、ほぼ１００％太陽熱でまかないます。この実績の背景には、天候や状況に応じて太陽熱の湯を無駄なく利用しようとするライフスタイルがあります。

給湯用途におけるCO_2排出削減には、ガス・電気の給湯器の性能向上よりも、太陽熱温水器の低価格化、耐久性向上を通じた太陽熱併用がより重要になるでしょう。

○薪ストーブ

薪は、人類が最も普遍的に用いてきたバイオマスです。それは化石燃料と異なり、現代の太陽エネルギーの備蓄なので、樹木の生育環境が保たれるかぎり、燃焼で出るCO_2は大気中の濃度を高めません。

薪ストーブは、単なる暖房器具ではありません。家の中に炉の火を持つことで、安らぎや癒しが得られます。また庭木の剪定枝もゴミにならず、立派な燃料となります。手入れが行き届かず荒れる森の再活性化には、伐採した樹木の消費先が必要で、用材にならない木の用途が燃料です。

無駄に処分される「緑のゴミ」を有効に使い、森を生かし、住まいの豊かさを増す薪ストーブは、その普及には排煙の処理、薪の流通や融通、灰の循環など、いくつかの条件をクリアすることが必要でしょう。

生活の質を高めるエコ住宅・エコライフ

人は基本的に自分の満足を求めて生活するので、CO_2排出を削減する生活スタイルに誘導する

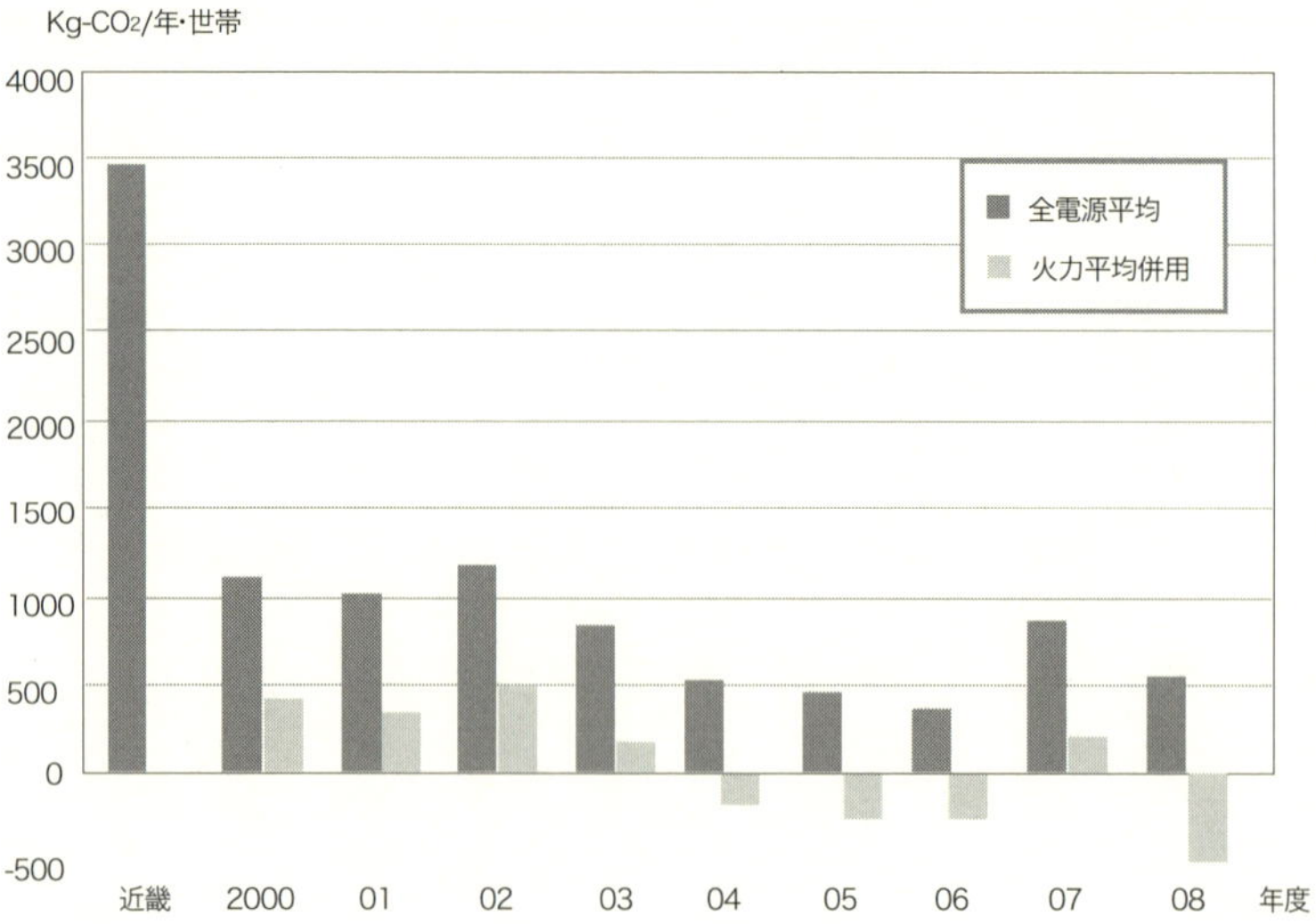

図3 再生エコハウス、CO_2排出量推定値の推移
（2000～03年度、及び07年度は3人居住、その他の年度は2人居住。逆潮流電力のCO_2排出係数を、全電力平均0.36kg - CO_2/kWh、火力平均0.69kg - CO_2/kWhの2ケースで算出。近畿データは00～07年平均）

には工夫が要ります。遠回りでも環境の大切さが意識され、エコロジカルな生活スタイルの方が気持ちがよい、と実感できるようなアプローチが必要でしょう。

季節、時間、天候など自然のリズムに寄り添うようなライフスタイルは、意外と面白いのです。思い通りにならなくても、自然の恵みへの感謝の気持ちが湧き、満足度が高まり、生活の質を高めていると言えそうです。

資源を大切に使い、自然の恵みを享受する生活は手間がかかります。面倒だからやらないのではなく、手間をかけられる状況こそ、生きる喜びに通じるのではないで

しょうか。手間を省き、機械任せで欲しい利便を獲得する生活スタイルは、今や見直すべき時代です。

○建築と設備を省エネ型に改修した自宅のCO_2排出の推移

本章の最後に、筆者自宅のCO_2排出の推移（図3）を紹介します。

建築と設備を省エネ型に改修し、エコロジカルな意識を持って暮らした結果、楽しく生活しながら、CO_2排出は標準レベルに比べ大幅に削減できました。

2人居住の年は、逆潮流電力を火力平均の電力CO_2排出係数で算出（マイナスカウント）した場合、排出量が差し引きゼロ以下の状態に達しています。

全電源平均の係数で算出しても、1人当たりで標準の4ないし5分の1への削減になりました。

この実績は、今後の住分野における地球温暖化対策に確かな可能性を示すものではないでしょうか。

第9章 天然ガストラックの導入で地球温暖化防止

即断即決が可能な環境専門委員会を設置

佐川急便は、今から53年前の1957年に、創業者の佐川清が飛脚業として京都―大阪間の小口輸送を開始したのが始まりです。

現在では、全国各地に361の営業店を構え、従業員約4万6000名、売上高7957億円、車両台数約2万6500台の事業規模となりました。

当社が本格的な環境保全活動を始めるきっかけとなったのは、1997年に開催されたCOP3（第3回気候変動枠組条約締約国会議）で「京都議定書」が採択され、京都に本社を置く地元企業として、何か環境問題に貢献できないかということから取り組みが始まりました。

まずは社内に、何ができるのかを検討できる組織として、全メンバーを役員で構成する即断即決が可能な環境専門委員会「エコプロジェクト推進委員会」を発足させ、環境対策の検討を開始しました。

総合物流企業である当社は、トラックを主な輸送手段としている事業の性質上、地球温暖化の原因となるCO_2や大気汚染を引き起こす窒素酸化物（NO_x）、粒子状物質（ＰＭ）の排出を伴うため、低公害車両の積極的な導入等の環境対策が必要不可欠であると考えて取り組んでいます。

本稿では、当社の環境対策の柱の1つである車両に係る取り組みをご紹介させていただきます。

天然ガストラック、大量導入へ

○天然ガストラック導入の経緯

運送事業者における環境問題の最重要課題として挙げられるのは、「排気ガス」の問題です。トラックの排気ガスには、地球温暖化の原因として最も影響が大きいとされるCO_2の排出だけでなく、光化学スモッグ、喘息、気管支炎、肺水腫の原因とされている窒素酸化物（NO_x）、発ガン性やアレルギー疾患の原因とされる粒子状物質（ＰＭ）も含まれています。

当社のエコプロジェクト推進委員会では、まずは、この「排気ガス」に対する問題を解決していかなければならないという方針を定め、取り組みを始めました。

当委員会が発足してすぐに、当時の環境庁が推進していた「アイドリングストップ・キャンペーン」に参加することを決定しました。このキャンペーンでは、当社のドライバーにキーチェーンを装着させ、降車時には必ずエンジンを停止させることを徹底させました。この取り組みにより年間約3万トンのCO_2排出を抑制することができ、また同時にトラックにステッカーを貼付し、広く地球温暖化対策の呼びかけを行いました。このことが評価され、翌（１９９８）年、当時の環境庁長官より環境保全功労者賞をいただくことができました。とにかく、〝できることから〟始めた環境への取り組みに対し、この受賞は当社にとって非常に大きな影響を与え、さらなる取り組みに拍車をかけるものとなりました。

低公害車導入の本格的なきっかけとなったのが、ＣＯＰ３に続き、２０００年に開催された東京都の「新市場創造戦略会議」への参加でした。

東京都とメーカー、ユーザーが協力し、低公害車の新市場を創造することを目的としたこの会議に、ユーザー側の一員として参加した当社は、「今後10年間で天然ガストラックを３０００台導入」という初の対外的な公約を掲げました。

同年11月には、最終会合を経て当面の導入目標を「２００５年度時点で２４５０台」とし、自家用の天然ガススタンドを毎年1～2ヵ所ずつのペースで新設する計画を打ち立てました。

どうして天然ガストラックか？　といえば、当社では、行政からの要請もあり、大気汚染防止の観点から、これまでにメタノール車、電気自動車、天然ガストラック、ハイブリッド車といった低公害車を試験的に導入し、調査研究を行ってきました。

その結果、優れた環境性能と実用性、ディーゼル車と遜色のない走りを兼ね備えた天然ガスト

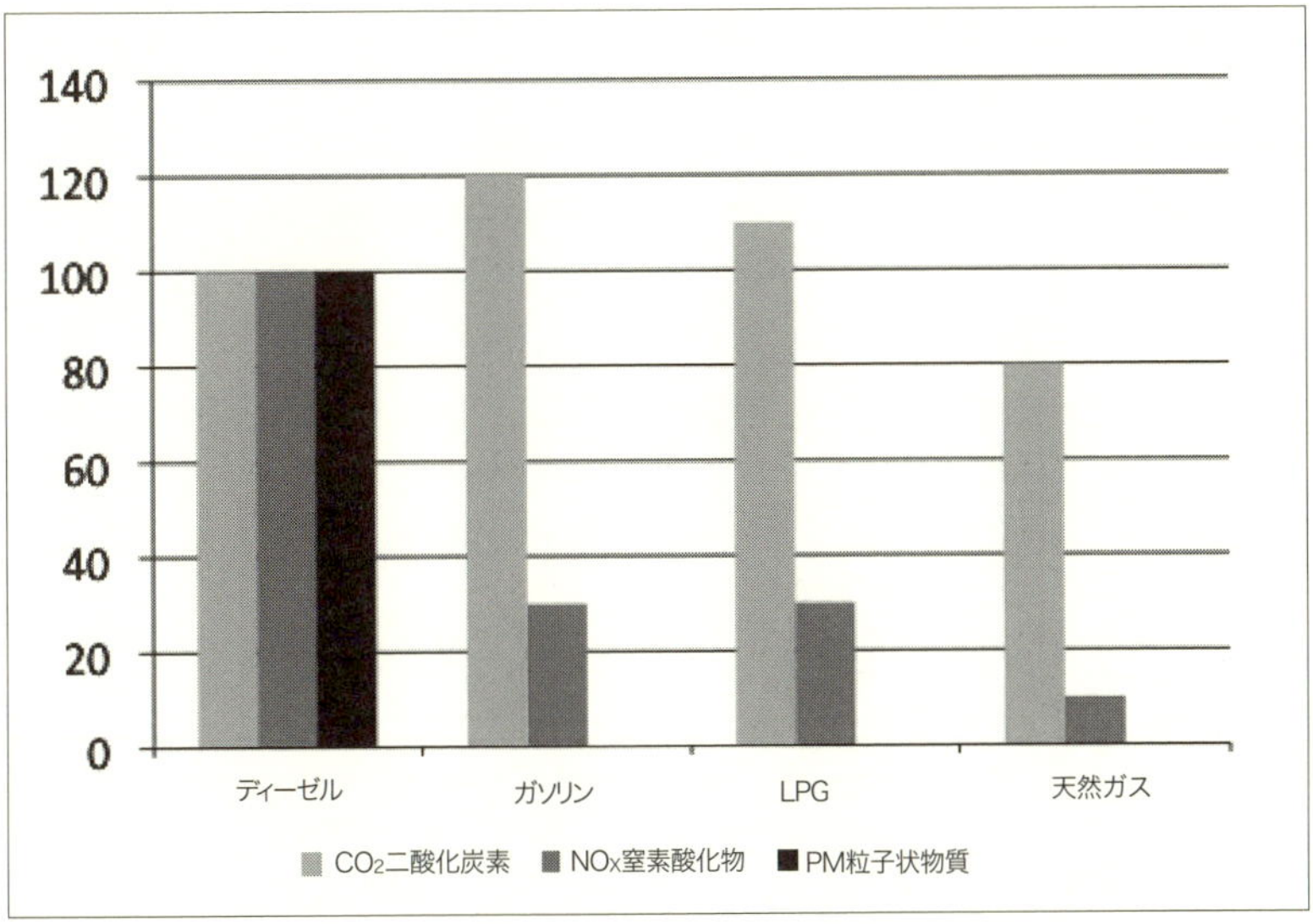

図1　排出ガスの性状比較

ラックの導入を決定するに至りました。

○天然ガストラックの特性

図1のグラフは、導入当時の天然ガストラックの排出ガス性能を、ディーゼル車を１００として表したものです。

当時は、こういった性能を比較したものがなかったため、当社独自に天然ガストラックとディーゼルトラックを使用して、同じコースで同じドライバーによる比較検証を行いました。

その結果、CO_2の排出量は、ディーゼル車と比較してガソリン車が約１２０％、ＬＰＧ車が約１１０％、天然ガストラックは約80％と少なく、NO_xについては、ガソリン車やＬＰＧ車で約３０％、天然ガストラックで約10％の排出となり、ＰＭにつ

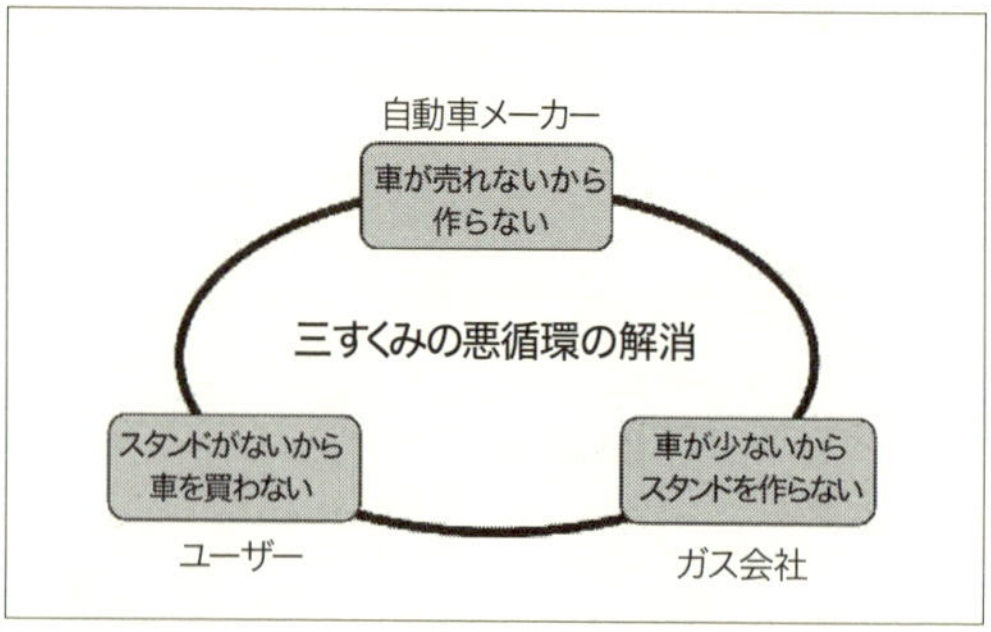

図2　天然ガストラック大量導入による三すくみの悪循環の払拭

いては、ガソリン車、LPG車、天然ガス自動車ともに全く排出されないということがわかりました。

　こうして天然ガストラックは、排出されるガスがクリーンなだけでなく、荷物を積んだ状態でもディーゼル車と比較して走行性能に遜色がなく、エンジン音が非常に静かであることなどから、事業用として最も適した車であると判断しました。

○天然ガストラックの大量導入

　天然ガストラックを積極的に導入することにより、今まで普及の妨げとなっていたメーカー側の「売れないから作らない」、ガス事業者の「車が少ないからスタンドを作らない」、ユーザー側の「スタンドがないから車を買わない」という三すくみの悪循環（**図2**）が払拭できるようになりました。さらに導入を進めることにより、メーカー、ユーザー、ガス事業者との協力体制が築き上げられ、スムーズに大量に導入できる体制へと変化しました。

　２００２年度からは、天然ガストラックを年間に４００台～６００台のペースで導入し、現在では、天然ガス小型トラックにおける全国普及台数の約25％（国内最多）を保有するまでになりました。

当時は、短いサイクルで車両の代替を行っており、全国で年間約２０００台の代替対象車両があり、新車購入時には可能な限り天然ガストラックを購入してきました。

大量導入に拍車をかけることとなった理由の１つに、２００１年に「自動車NO_x・PM法」が制定されたことが挙げられます。特に、NO_x・PM対策地域や条例で規制されている８都県市（２０１０年４月に相模原市が加わり９都県市）では、７年～８年のサイクルで代替を行い、首都圏やエコ・ステーション（公共の天然ガススタンド）が普及しているエリアを中心に、天然ガストラックの導入を進めました。

また、国の低公害車普及促進のための補助制度の充実により、一般的には、改造費の半額を国土交通省、各６分の１を全日本トラック協会と地方トラック協会、場合によっては、さらに６分の１を地方自治体が助成する体制が確立され、ディーゼル車とほぼ同等の価格で購入できるようになり、２００９年度末には、４３５５台の保有台数となりました。

○天然ガストラック導入を推進して行く上での問題点

天然ガストラックの導入では、大きな課題にも遭遇しました。天然ガススタンドのインフラ整備の問題です。

現在、日本各地には約４万カ所のガソリンスタンドがあります。それに比べて、エコ・ステーションは約300カ所（自家用天然ガススタンドを除く）しかありません。ガソリン車と天然ガス自動車の普及台数に大きく差があるため、スタンドの数に差があるのも仕方がないことですが、天然ガス自動車の普及に拍車がかかった当時は、エコ・ステーションの増加率の4倍のスピードで天然ガス自動車が増加し、インフラ不足となりました。

現在では、エコ・ステーション建設の補助制度廃止などの背景もあり、このインフラ不足が普及促進の大きな妨げとなっている状況です。

お客様のもとへ荷物を届ける間に燃料切れとなり、燃料補給をしたくても補給するスタンドがなく立ち往生してしまうというのでは、いくら環境性能に優れていても天然ガストラックを導入することはできません。

このインフラ問題の対策として、当社では、自家用天然ガススタンド建設プロジェクトを発足させ、独自に自家用天然ガススタンドを設置する計画を策定し、天然ガストラックの大量導入をサポートしています。

○天然ガストラック大量導入に向けてのインフラ整備

自家用天然ガススタンドの第1号は、1999年4月、運輸業界では日本初となる天然ガススタンドを東京都内の当社施設内に設置し、それ以降2006年までに7カ所設置してきました。

さらに2008年には、東京都をはじめ、神奈川、埼玉、新潟、愛知、大阪、広島、香川に合計

16カ所の天然ガススタンドを新たに設置し、全国では合計23カ所の自家用天然ガススタンド（図3）を運用しています。

この天然ガススタンドは、都市ガスを25MPa（メガパスカル）（250気圧）に圧縮するための高圧ガス製造所となっており、1時間に250立方メートルを充填する能力を備え持っていま

図3　自家用天然ガススタンド

図4　23カ所の営業店に太陽光発電システムを導入し、年間約50万kWhの電力を自然エネルギーでまかなう（写真左右とも）

すが、圧縮時に大量の電力を消費するといったデメリットがありました。

これでは、低公害車両を導入し、環境負荷の低減に取り組んでいても電力消費による環境負荷を増幅させてしまいます。

そこで、一部の自家用天然ガススタンド設置店には、太陽光発電システムを導入し、電力消費の一部を自然エネルギーで補うことができるよう対策を講じました（図4）。

２０１０年4月現在、自家用天然ガススタンドを設置していない営業店を含め、23カ所の営業店に太陽光発電システムを導入しており、23カ所合計で年間約50万キロワットアワー（ｋＷｈ）の電力を自然エネルギーでまかなうことができています。

天然ガストラックの導入は、環境保全対策の1つ

○代替燃料使用の可能性

当社の目標は、そもそも「環境保全」であり、「天然ガストラックを導入すること」ではありません。天然ガストラックの大量導入の前提には、温室効果ガスの削減があります。

このため、ディーゼルトラックと比べてCO_2排出量の少ない天然ガストラックを大量導入してきたわけですが、この天然ガストラック導入には、代替燃料としてバイオガスが使用できるというメリットもありました。

バイオガスは、下水の処理過程で発生する消化ガス（メタンを多く含む）を精製し、燃料として使用するもので、最大のメリットは、カーボンニュートラルであるということです。現在、兵庫県の神戸エリアの天然ガストラック10台に、このバイオガスを使用しています。

各地でもバイオガスの研究は進められており、下水だけでなく生ごみや家畜の糞尿からもガスを精製する技術が確立されています。このような点からも、天然ガストラックは化石燃料だけにとらわれることのない次世代の車両といえます。今後も調査・検証を進めバイオガス使用の拡大を目指していきたいと思います。

○国策として環境性能に優れている貨物用トラックの推進を

連日のように、新聞やニュースなどで、電気自動車、燃料電池車、水素自動車など、様々なエコカーがクローズアップされていますが、貨物用トラックの将来的な環境対策車両には何が一番適しているのか考えさせられます。

現在、天然ガストラックの製造は、メーカー1社で対応していることから競争原理が働かず、ディーゼルトラックのような技術開発が進んでいません。言い換えると、燃費の向上がディーゼルトラックほど改善されていないということです。導入を開始して十数年になる天然ガストラックですが、本来であれば、天然ガスハイブリッドトラックなどが開発されていてもおかしくないのでは、と感じるのは私だけでしょうか。

将来的には、化石燃料に依存しない貨物用トラックの開発が必要となるのかもしれません。それまでの過渡期の対応として最も環境性能に優れている車両を明確に絞り込み、国策として、それを推進していかなければどっちつかずとなり、中途半端な環境対策となってしまうことが懸念されます。

当社では、天然ガストラックの導入は、環境保全対策の1つという位置づけです。今後も環境負荷低減のため、天然ガストラックの導入だけでなく、ハード面での対策としては、小規模店舗展開（サービスセンター）による集配車両の削減や、集約施設による輸送の効率化をはじめ、バイオ燃料の積極的な活用、太陽光発電システムの導入による自然エネルギーの活用等の環境対策を継続します。

ソフト面での対策においては、地域住民やNGO・NPO等と連携した森林保全活動や地域の清掃活動、また、小学校や幼稚園を訪問しての環境授業を通して、従業員教育をより一層充実させることで、人、社会、自然との共生を図りつつ、地球規模の環境問題に取り組みます。

第10章
水とエネルギーの持続可能な利用の実現に向けて

生活用水の供給のためのエネルギー消費

水は、様々な用途で用いられており、２００７年度に全国の河川や地下水等の水源から取水された８３１億立方メートルの水量を用途別にみると、農業用が５４６億立方メートルと最も多く、次いで、生活用が１５７億立方メートル、工業用が１２８億立方メートル[1]となっています。また、水は水力発電によってエネルギーとしても使用されており、昭和30年代前半までは水主火従といわれ、水力発電が電力供給の半分以上を占めていたほどでした。今日、水力発電電力量は、年間５６５億キロワット時（ｋＷｈ）と発受電電力量全体の６％を占める[2]に過ぎませんが、水力発電は二酸化炭素排出量が非常に少ないクリーンなエネルギー[3]として注目されており、最近ではこれまで使用されてこなかった水の落差と流量が、小水力発電として使用されるようになっています。

ここでは、生活用水の供給のために消費されるエネルギーについてお話しします。

生活用水のほとんどは、今日では水道から供給されています。水道水が各家庭に供給されるまでには、多くのエネルギーが消費されています。とりわけ、水道が有圧で給水されるのは19世紀にヨーロッパで始まった近代水道の特徴であり、その圧力のおかげで蛇口をひねると水が出るようになり、浄水場から各家庭に届くまでの管路で汚水が外部から浸入するのを防ぐのに役立っています。

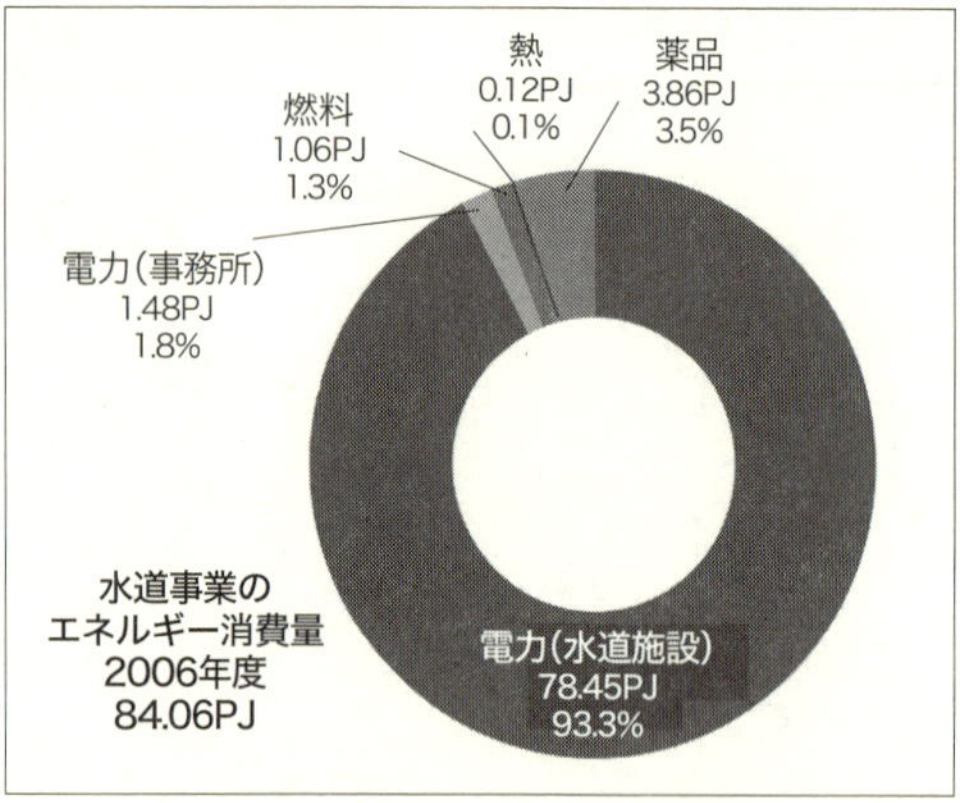

図１　水道事業者等のエネルギー消費量[6]（2006年度）

初期の水道では、まだ電気が十分に使えない時代だったことから、施設整備の計画では高低差の位置エネルギーが周到に活用され、ポンプを動かすために浄水場に蒸気機関が設けられ、煙突が立っている光景も見られました。１８８７（明治20）年に、横浜でわが国初めての近代水道が給水を開始したときには、相模川上流の水源でポンプ取水[4]された後は、横浜市野毛山の浄水場までの44キロメートルを自然流下方式で導水し、浄水処理がされた水は配水池から自然流下で市内に配水されていました。

豊富で安定したエネルギー供給が行われる今日では、水道事業者が水源から水道の原水を取り入れ、浄水施設で飲用に適する水になるように処理し、一般の需要に応じ必要量の水を送るまでの各段階で、電力、燃料、熱といったエネルギーが使用されています（図１）。

２００６年度に水道事業者等[5]が使用した電力量は、80・16億ｋＷｈでした[6]。水道事業の電力使用は、水道施設と事務所での使用に大別され、水道施設における使用量が大部分（98・２%）を占めています。水道施設では、浄水場における電力使用量が最も多く64%を占め、設備ごとに見ると大部分（92%）は水を送るためのポンプ施設において使用[7]されています。

エネルギー全体でみると、水道事業者等による電力、燃料、熱の使用に伴うエネルギー消費量は、合計で84・06ＰＪ[8]であり、日本全体のエネルギー消費量（２万２７１３ＰＪ）に占める割合は０・37%です。水道水をつくるために消費されるエネルギーの95・１%は、電力によるものです。ちなみに、水道事業者等による電力使用量は、日本全体の電力使用量（９２７１億ｋ

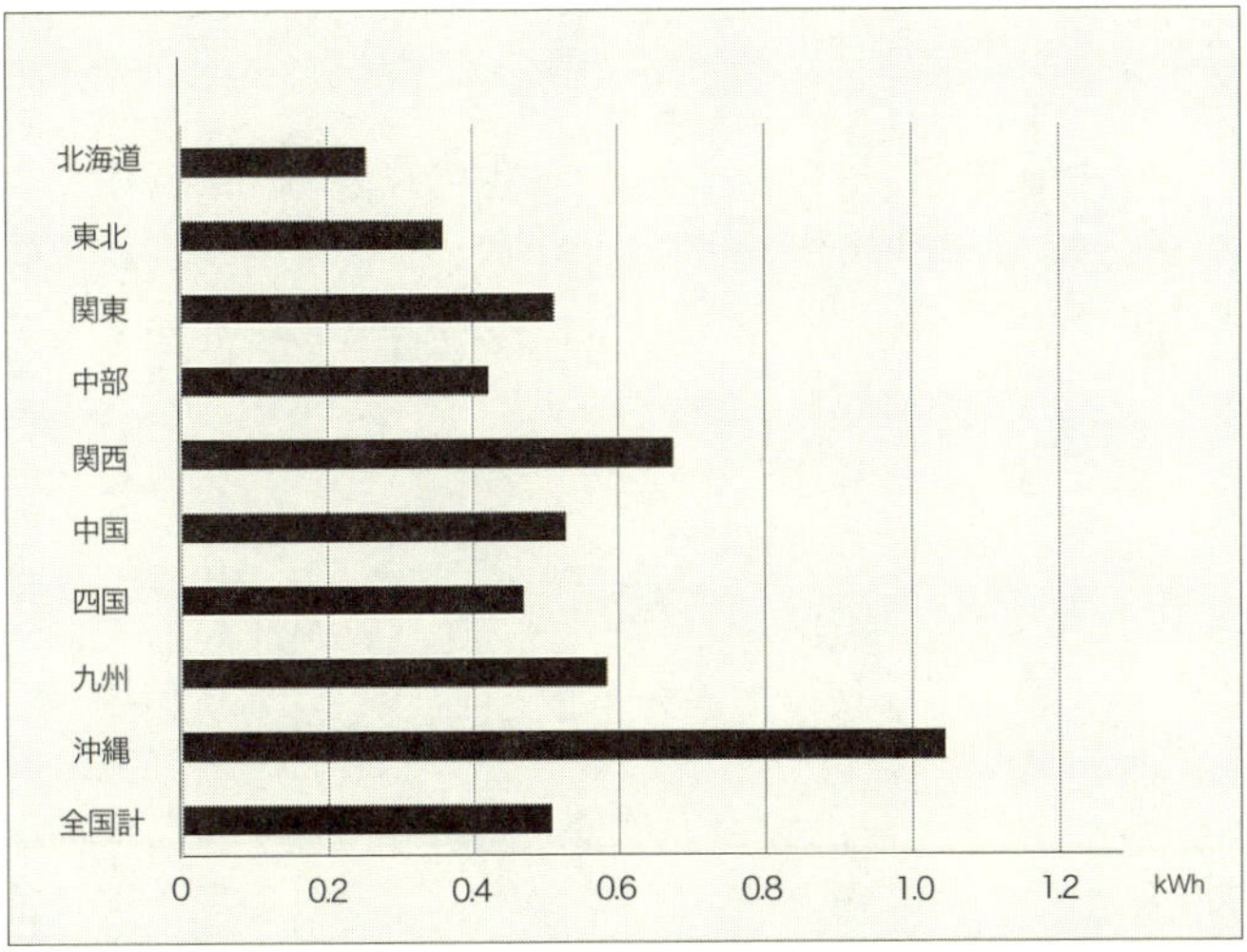

図２　水道水１立方メートル当たりの電力使用量　（2007年度版水道統計により作成）

Wh、自家発電分含まず）の0・86％に相当します。

水道水1立方メートルを作るための電力使用量は、0・51kWhです。図2に示すように、関東地方では全国平均と同程度ですが、沖縄県では1・05kWh、関西地方では0・68kWhと全国平均を上回り、各地の水道事業の立地条件によって異なります。

水道事業の2006年度の年間温室効果ガス排出量（二酸化炭素換算）は340・1万トンです。その内訳は、電力使用に伴うもの（91・3％）、燃料使用に伴うもの（1・9％）、熱使用に伴うもの（0・2％）、薬品使用に伴うもの（4・9％）、浄水発生土の埋め立てに伴うもの（1・7％）となっています。

給水量1立方メートル当たりの二酸化炭素排出量については、水道事業者の規模により違いがあり、中央値は172グラムで、給水人口の大きい大規模な水道事業の方が小さくなる傾向が見られます。

生活用水の利用を通じたエネルギー消費

生活用水の利用の観点からエネルギー消費を考えてみます。

2008年度に家庭から排出された二酸化炭素は、1世帯当たり5040キログラム、1人当たり2070キログラム[9]でした。用途別に排出量の内訳をみると、水道が1・9％（1世帯当たり96キログラム）、給湯が13・6％（同684キログラム）で、水道水の利用と関連の深いエネルギー消費が大きな割合を占めていることがわかります。

一般家庭での温暖化対策としては、例えば、全国地球温暖化活動推進センターでは「シャワーを1日1分家族全員が減らす」などを挙げ、（財）省エネルギーセンターでは、ガス給湯器の利用の際の目的に併せた設定温度の変更や、風呂給湯器に関して家族で入浴間隔を空けたり、シャワーを不必要に流したままにしたりしないこと、などを挙げています。水道水そのものを大切に使うとともに、給湯については、設定温度や使用の有無を確認してみることが省エネルギーの観点からは重要といえるでしょう。

節水については、近年では、節水効果を考慮した給水用具が多く開発されています。家庭で最も水道水を使うトイレ[10)]について見てみると、タンク付き・ウォシュレット無しの従来型便器では洗浄用に1回当たり13リットルの水が使われ、最新の節水型便器では、洗浄水量が1回当たり4ないし6リットルと半分以上減少しています。単純に計算すれば、水洗トイレの利用に係る水道料金や環境負荷について、50～60％の削減効果が見込まれる[11)]ことになります。一方で、洗浄水量は、各種便器の洗浄能力に合わせて設定されており、必要な水量を用いなければ流れ切らなかったり、排水管が詰まってしまったりする事態も生じかねないため、トイレでの水利用に当たっては、便器の性能を十分理解することが大切です。

蛇口の水としばしば対比されるボトル入り飲料水については、廃棄物問題や容器の製造と輸送に要するエネルギーによる環境負荷を考慮して、ライフサイクル・エネルギー（平均的な水道事業の電力使用量とボトル入り飲料水の製造・輸送に係る）を比較すると、ボトル入り飲料水は、水道水の727倍ものエネルギーを消費する、との試算結果[12)]もあります。

生活用水とエネルギーの持続可能な関係に向けて

水道事業が使用する電力が全国の電力使用量に占める割合は0・86％ですが、上下水道を合わせると1・5％以上のシェアとなり、他の業種と比べても決して少なくない電力使用量となります（**図3**）。したがって、水道事業を担う各地方自治体にとって、水道における環境対策は重要な関心事のひとつとなっています。給水人口50万人以上の大規模水道事業では、省エネルギー対策は91・7％、再生可能エネルギー等の対策は75・0％で実施されています[6)]。

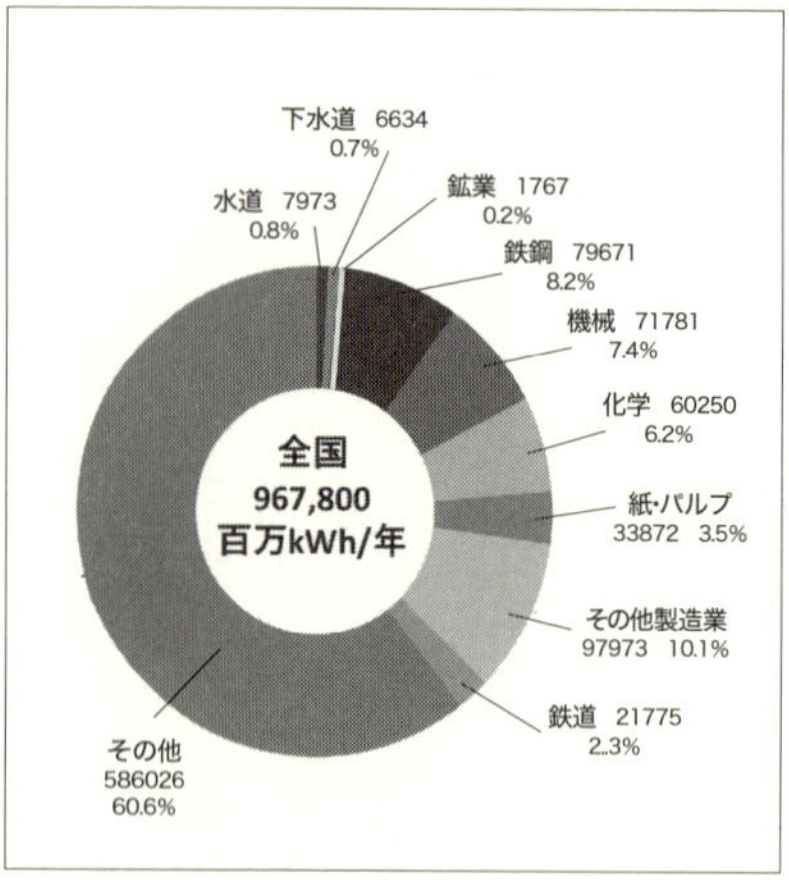

図3　水道事業の電力使用量が全国使用量に占める割合（2001年）
（出典：水道統計、下水道統計、電気事業便覧平成15年版〔2001年度総需要実績〕）

先述したように、水道水を送るポンプに消費されるエネルギーの95・1％は電力によります。これは、水の需要量の大きい大都市の必要水量を確保するために、これまでは水道原水の取水地点が河川の下流部に設けられることが多かったことと関係しています。今後、日本の人口減少が進むとともに水の需要も減少することを考えると、取水地点はこれまでのような下流部でなくてもよいかもしれません。

２０５０年までに先進国全体で80％のCO_2削減を目指そうとしている中で、低炭素化社会に向けた対応のあり方を検討したレポートがあります。

「首都圏における低炭素化を目標とした水循環システム実証モデル事業報告書（研究代表者坂本弘道）」[13)]がそれです。（社）日本水道工業団体連合会が、経済産業省の委託を受けて研究開発事業を実施し、とりまとめました。

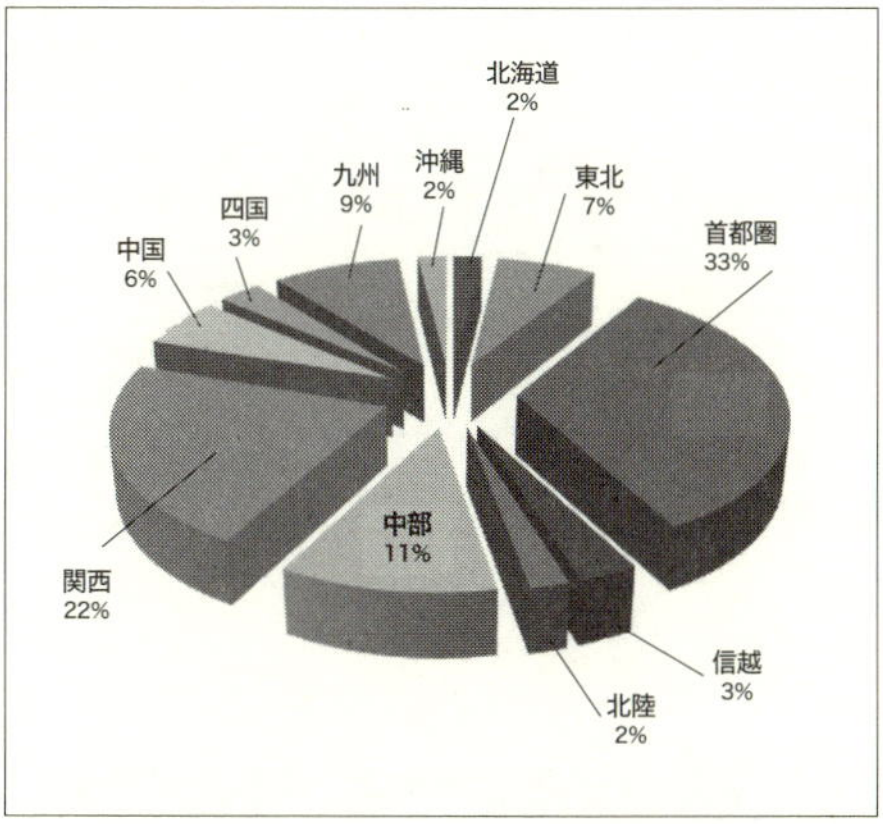

図４　水道事業における総二酸化炭素排出量の全国比較（2005年度版水道統計）

それによると、首都圏は日本の水道の二酸化炭素発生量の33％を排出しており（図４）、二酸化炭素の削減の鍵を握る地域ともいえます。ここでは、水道システムによる将来対策を人口減少による削減と、水道システムにおいて講じる新しい対策の両面から検討しています。

水道システムにおける対策としては、取水・浄水場位置の変更、すなわち上流化によって、位置エネルギーの活用と取水原水の清浄化による浄水処理方

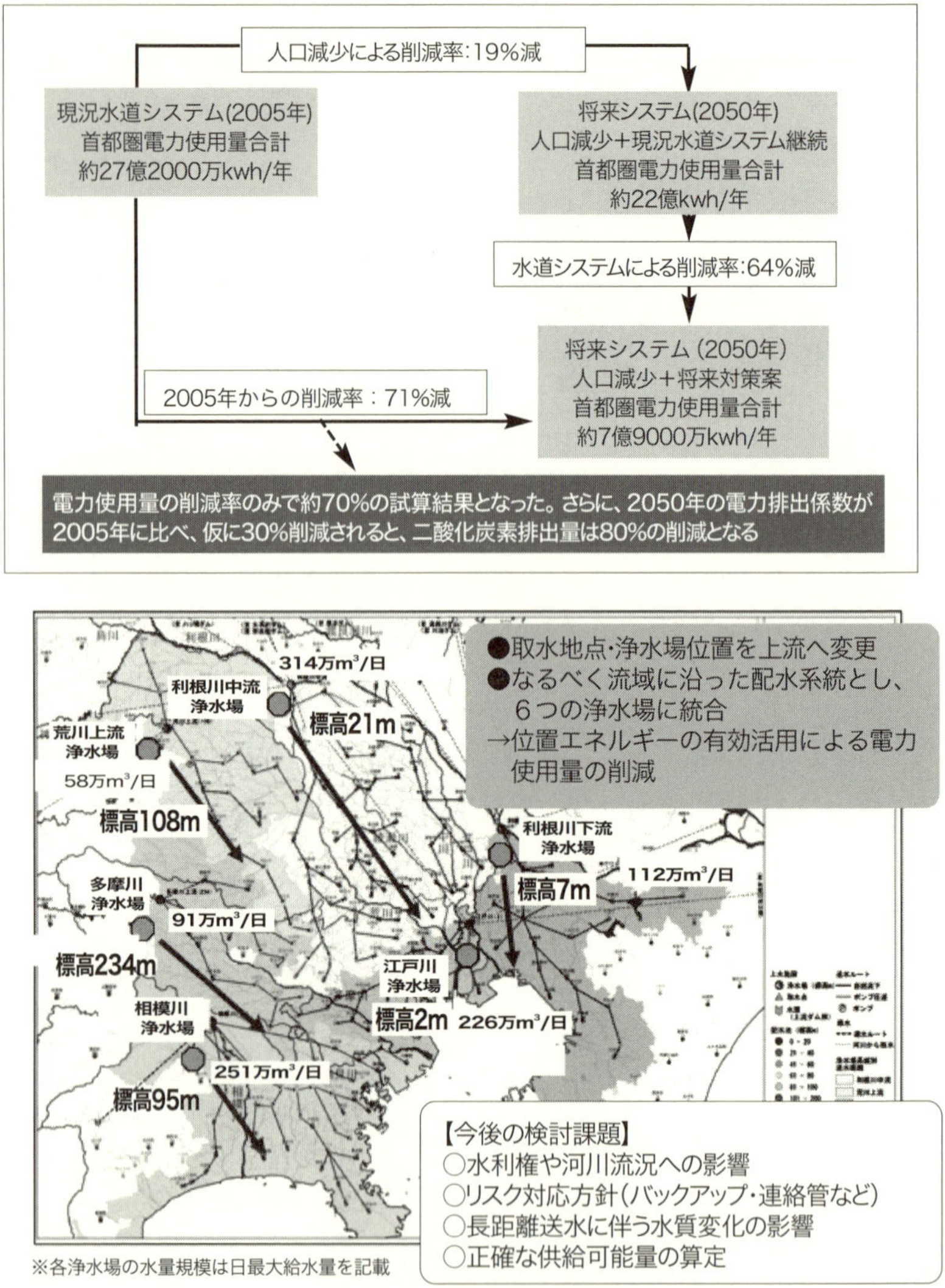

※各浄水場の水量規模は日最大給水量を記載

図５　2050年に向けた二酸化炭素削減方策の検討結果[13)]
（出典：「首都圏における低炭素化を目標とした水循環システム実証モデル事業報告書」〔2010年3月〕）

式の簡素化が期待されること。そのほかには、高効率機器の採用、再生可能エネルギーの活用、それとともに中小水道事業体の広域化の面から検討されています。**図5**は、取水・浄水場位置の上流化を示すもので、現在の取水地点や浄水場の位置（利根川・荒川水系ではおおむね標高10メートル以下）と比べて、ずいぶん思い切った上流化（標高１００〜２００メートル）が想定されています。

取水地点の上流化に伴って、位置エネルギーが活用できるほか、原水が清浄化されるなどの条件変更によって、オゾンや活性炭処理といった方式が不要になるという効果が生じ、エネルギーの節約につながります。また、エネルギー面では、給水人口の規模の小さい水道事業体の方がエネルギー効率は悪い傾向にあることがわかっており、「広域化」に伴い規模が大きくなるとランニングエネルギー面で有利になると判断されます。

調査の結果、まず人口減少による二酸化炭素排出量の削減効果は19％という数字が算出されました。これに水道システムの変更による削減を加えると、全体の削減率は２００５年と比較して71％の削減となります。この数値は、電力使用量の削減のみで達成される数値であり、さらに電気のグリーン化による削減を30％とすると、二酸化炭素排出量の削減は80％になると結論づけています。

最初に計算条件として述べたように、これを実現するためには、取水地点や浄水場の位置を思い切って上流部に持っていくような抜本的な施設配置の変更が必要になります。このような検討は、まだ緒についたばかりですが、将来の水道計画における重要な課題を提起[14)]しています。

　これからのインフラ整備には、ライフサイクル・アセスメント（ＬＣＡ）の観点も必要です。ライフサイクル環境負荷の低減化のためには、環境負荷インパクトのカテゴリーごとに環境負荷を計量し、カテゴリーごとの大きさの比較や影響力の大きさを評価することが必要です。すなわち、①工事の際に直接排出される負荷（建設機械の燃料消費など）、②構造物の資材生産とその廃棄に伴って生じる負荷（原料採掘、工場での製造、その間のトラック輸送の燃料消費など）、③建設物や装置の供用に伴うものやサービスの直接フローによる負荷（水源からの取水、浄水場での水道水製造、家庭への配水で使用される電力など）の検討です。水道水が家庭に届くまでに、これらの多くの場面で環境負荷が生じています。これらを低減していくことが、これからの課題となっています。

　例えば、①では建設機械の燃費の向上や、工事の回数を減らすなどの方法が考えられます。工事は、水道施設の機能を維持向上させるために老朽度に応じて定期的に行う必要がありますが、更新までの期間が長くなれば回数を減らすことができます。つまり、長く使える丈夫な施設を作ることが環境負荷を低減することにつながります。また、地震などの災害により施設が破壊された場合、施設の修繕工事だけではなく、断水期間中の給水車による応急給水では多くの燃料が消費され、管路輸送よりもはるかに大きな環境負荷が生じます。つまり、耐震化も環境負荷低減対策の一つ[15)]と言えます。最近のデータでは、水道管の耐震化は47都道府県庁所在地の自治体平均で

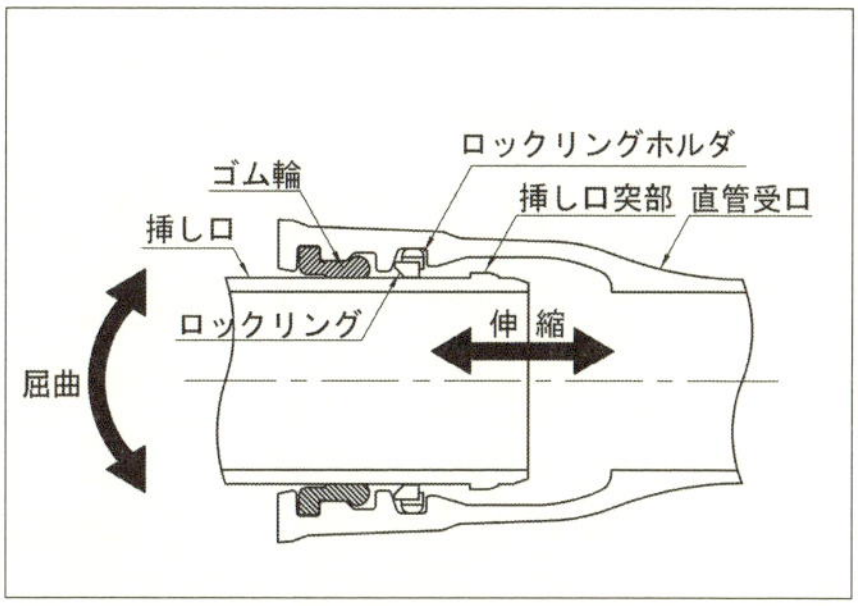

図6　GENEXの継手構造(耐震性が良好で長期使用が可能)

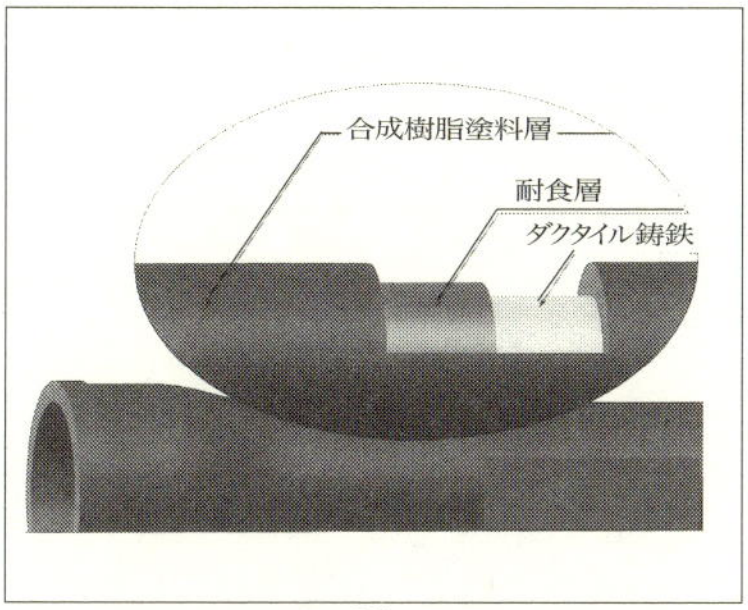

図7　外面耐食塗装[16]（耐腐食性が高く長期使用が可能）イメージ図

まだ17％にとどまっており、これからの大きな課題の一つとなっています。

水道管に最も多く使用されているダクタイル鉄管は、概ね4～6ｍの長さの管が継手でつながれていますが、耐震管では、**図6**に示すように、この継手の部分で伸縮・屈曲して地震による地盤の動きや亀裂に対応して水道水を漏らさない構造になっています。耐震管は、これまでも多くの大地震で耐震性の実績を示してきましたが、(株)クボタが最近開発した新しい耐震管ＧＥＮＥＸでは、耐震性とともに、**図7**に示すような亜鉛系合金溶射に封孔処理を施した耐食層を形成することによって100年以上の使用が期待できる防食設計がなされています。また、施行作業に必要な掘削断面を小さくすることによって、コスト的、環境対策的にも効果があるように配慮されており、水道分野の環境対策に大きく寄与するものとして注目されています。

こうした、長寿命の管の採用によって軽減される、①及び②の環境負荷のほか、③の削減には、水道施設の配置など水道計画そのものの総体的な検討が必要であり、50年～100年先のエネルギー事情に耐えられる計画の検討が必要です。今後、施設の老朽化の対策として更新を行う際には、将来の水需要とエネルギーなど条件の変化を加味して検討を行っていかなければなりません。

水道に係る地球温暖化対策の実効性を高めるためには、水道を供給する側も使用する側も、水とエネルギーの持続可能な利用の実現に向けてできることは何かを考え、実際の効果について意識しながら着実に実践していくことが、ますます重要となってくるものと考えられています。

参考文献

1) 国土交通省土地・水資源局水資源部『平成22年版日本の水資源』（２０１０年8月）

2) 平成20年度のデータ。電気事業連合会『電気事業のデータベース』（２０１０年３月）による。全体で９７２０億ｋＷｈ。ほかに火力が５０８６億ｋＷｈ（52％）、原子力が２４７０ｋＷｈ（26％）、受電その他が１５９９ｋＷｈ（16％）を占める。http://www.fepc.or.jp/library/data/infobase/index.html

3) 発電別ライフサイクル二酸化炭素排出量（g-CO_2／ｋＷｈ）は、水力11・3、原子力21・6〜24・7、太陽光53・4、石油火力７４２・1、石炭火力９７５・２など。資源エネルギー庁『日本の原子力発電――考えよう、日本のエネルギー』（２０１０年2月改訂）による。

4) 当時の取水ポンプの動力には石炭を使用する蒸気機関が用いられていた。

5) ここで水道事業者等とは、水道事業者のうち給水人口が５００１人超のいわゆる「上水道事業者」と、水道により水道事業者に対してその用水を供給する事業者である「水道用水供給事業者」を指す。

6）厚生労働省健康局水道課『水道事業における環境対策の手引書（改訂版）』（２００９年７月）

7）機場別に見ると取水・導水ポンプ所14％、浄水場64％、配水ポンプ所22％となっているが、これらを横断的に設備ごとに見ると、ポンプ92％、その他８％となっている。社団法人全国上下水道コンサルタント協会『水道ビジョン基礎データ集』（２００４年）６―４頁

8）ＰＪは、ペタジュール。ペタは10の15乗。

9）温室効果ガスインベントリオフィス『日本の温室効果ガス排出量データ（１９９０～２００８年度）確定値』（２０１０年４月15日）http://www-gio.nies.go.jp/aboutghg/nir/nir-j.html

10）東京都水道局『平成18年度一般家庭水使用目的別実態調査』によると、トイレ用が28％と最大になっている。

11）池本忠弘、山村尊房、生活における水とエネルギーの関係、『季刊誌ＣＥＬ（Ｖｏｌ・87）』（２００９年１月）

12）財団法人水道技術研究センター『浄水施設を対象としたＬＣＡ実施マニュアル』（２００８年）56頁

13）（社）日本水道工業団体連合会『首都圏における低炭素化を目標とした水循環システム実証モデル事業報告書』（２０１０年３月）

14）坂本弘道、大垣眞一郎、森本達男、「首都圏における低炭素化を目標とした水循環システムの検討（Ⅰ）―総括」、第61回全国水道研究発表会（２０１０年５月）

15）山村佳裕、藤原正弘、打越　聡、「水道版ＬＣＡ手法の研究―環境負荷低減の観点から」、第18回北海道大学衛生工学シンポジウム（２０１０年７月）

16）（株）クボタ『ＧＥＮＥＸカタログ』

つ

な

PART 3 25%削減の温暖化防止に向けた連携とは

第1章 シンポジウム再録──温暖化防止に向けた連携とは

司会 西岡秀三

パネリスト

枝廣淳子 環境ジャーナリスト

藤村コノヱ ＮＰＯ法人環境文明21共同代表

宮井真千子 パナソニック（株）環境本部副本部長

杉山豊治 日本労働組合総連合会 社会政策局長

が

る

第2章　温暖化防止への取り組みと「一村一品運動」

藤田和芳　大地を守る会会長 (元JCCCA運営委員)

第3章　世界に発信する
「ストップ温暖化一村一品運動」の取り組み

長谷川公一　東北大学大学院文学研究科教授
一般社団法人　地球温暖化全国ネット理事長

第1章 シンポジウム再録――温暖化防止に向けた連携とは

西岡●今日、登壇者の皆様にお考えいただきたいのは、３つのキーワードです。１つは、変わるとか変えるとかいうこと、それから２つ目が対立と連携、そして３つ目が役割と要求です。

私も、ずっと温暖化防止行動の仕事をやってきました。今、「地球温暖化防止対策基本法案」が提出されています。また、コペンハーゲンでのＣＯＰ15などで様々な数値論議をやりましたが、結局ダラダラと少しも物事が進みません。これからは、どんどん行動していくしかないというのが、今の私の気持ちです。多分、それはいろいろな意味で大きな変化をもたらすもので、変えなければいけないものだろうと思います。

春になると新学期が始まります。今の状況をたとえてみると、中学校から高等学校へ、高等学校から大学に行ったようなもので、今までの仲間だけで仕事をしていたのではだめです。新しい学校に入ってみたら知らない顔がいっぱいいて、これからはこの仲間たちと一緒にまた新しいことをやっていかなければいけない、そんな状況になっているのではないかと思っています。

【シンポジウムの実施概要】

●名称

ＪＣＣＣA10周年シンポジウム

●テーマ

25%削減に向けた新しい温暖化防止活動

●開催日時

2010年３月11日（木）午後

●開催会場

日経ホール&カンファレンスルーム内　日経カンファレンスルームA・B・C

●主催

全国地球温暖化防止活動推進センター

（ＪＣＣＣA:Japan Center for Climate Change Actions)

●後援

環境省

●協賛

佐川急便株式会社

株式会社セントレジャー・マネジメント

株式会社セントレジャー・オペレーションズ

財団法人損保ジャパン環境財団

株式会社大地を守る会

東京ガス株式会社

東京電力株式会社

＊社名の順番は五十音順

●シンポジウムの登壇者

パネリスト

枝廣淳子　環境ジャーナリスト

藤村コノヱ　ＮＰＯ法人環境文明21共同代表

宮井真千子　パナソニック（株）環境本部副本部長

杉山豊治　日本労働組合総連合会　社会政策局長

司会

西岡 秀三　国立環境研究所特別客員研究員

我々は変わる、変わらざるを得ません。新しい友達と連携して、いろいろなことをやっていこうという時期になっています。しかし、それはお互いに、自分たちはこうやりたい、ああやりたい、そして共通にこんなことをやりたいと思っても、自分たちの立場、他の人の立場といろいろ違うものがあります。仲良くするところもあれば、対立するところもあります。そして、その話し合いの中で新しい行動が生まれていくのではないか、と考えています。

　今後のＪＣＣＣＡの活動とも関連していきますが、お互いにどうやったら連携をとれるか、あるいはどこに対立点があるか、というお話を伺いながら、ＪＣＣＣＡの推進員の役目もそういうものを踏まえたものにしていく、その参考になるようなディスカッションができればありがたい、と思っています。

全体として変わるということは、もう当たり前だということです。その中では、いかに変わるかが重要となります。それから、行動力をどうやってつけるかということが課題になってきました。

そのためには、例えば、枝廣淳子さんの言う「共創型」があります。これまでの一方的な啓発であるとか、双方の対話だけではなく、どう新しいものを作り上げていくか、ということに協力をする必要があるのではないか、ということです。それから、これからは杉山豊治さんの言う「社会の仕組み」自体を考え直していこうという方向に行っているのではないか、ということです。

私も数年前は、テレビに出て、「何か私たちがやらなければないことがありますか」と問われると、コンセントを引っこ抜いてください、というような話をしていました。しかし、今はもう、そういう身近にできるところだけで済むような話ではない、ということです。やはり、社会の仕組み全体をいろいろな意味で変えていかなければいけない時代になっています。

そうなってくると、杉山さんの言う「社会対話」（合意の仕掛け）を作り上げていくということが必要です。それは、対話から始まって協働というまさにそこに行き着くわけです。

私どもは、例えばモデルで、どれだけCO_2が減らせるか計算すると、供給側、すなわち電力を作っている方とか、エネルギー、ガソリンを作っている方だけが努力しても絶対に減りません。80％減らすなど大幅に削減するときは、供給側だけが努力してもどうしてもだめです。これまでは、供給側の方の力が強く、ある面では強過ぎて、「エネルギーは任してください。どんどんきれいにしますから」と言われてお任せしていたのですが、もうそういう話の次元ではありません。私どもの計算からいうと、半分は需要者側で減らさなければいけない、ということです。

これはどういうことを意味しているかというと、責任という話で言えば、需要者の責任、すなわち生活者、消費者の責任がものすごく強くなっている、ということです。行動することが、直ぐに効いてきます。例えば、需要者側で電気の使用量を半分に減らせば、今、原子力の問題もいろいろと言われていますが、そんなに増やさなくて済むわけです。供給は需要を満足するためにあるので、需要者側が電気の使用量を半分に減らすことによって供給側はどんどん変わっていきます。そのようなことから、消費者、生活者の責任が非常に大切になっているわけです。

その時に、もう1つ最近、論議になるのは、消費者、生活者の負担ということです。中期目標検討会で検討したときに、最後に新聞に出るのは、「国民負担は幾らですか」という話が必ず出てきます。しかし、それからは逃げないでほしいということです。我々自身も、つい負担が高いとか低いとか、そういう言い方をしてしまうのですが、そういう問題ではないということです。

千葉商科大学名誉教授である三橋規宏さんが発言されているように、ものを変えるには誰かが汗をかかなければ、物事が動くわけがありません。このステージを設定するときに、係の方が机を持ち上げてくれたから、我々はここに座っていることができます。誰かが汗をかき、そして汗をかいた人にちゃんとそれなりのいろいろな意味での報酬が出る、という形のものを作っていかなければいけません。また、それをいかに効率よくするか、ということを考え始めなければいけません。「おれは嫌だ。払うのは嫌だ」そんなことを言うのではなくて、どうせみんなが汗をかくのだったら、どうやって効率よく汗をかくか、なるべく汗をかかないで済ませるようにしようと知恵を出すのが、新しい仕掛けづくりではないかと思います。

今は技術主体の社会で、技術のどれをとっても、エネルギーなしには済まない技術ばかりです。ここのところで、我々はいかに知恵を絞るか、そして企業は消費者と一緒に開発を行い、社会と協働して、いかに全体を減らしていく仕組みを一緒になって作っていくか、そういう時代になってきました。私たちは、いろいろなことをやらなければいけません。そのためには、行動力をつけなければいけません。社会の仕組みを作らなければいけません。そして、それぞれがきちんと責任を感じましょう、行動力を感じましょうということです。

これからパネリストの皆さんにお伺いするのは、社会はどういう具合に変わっていくべきなのか、お互いにステークホルダー（利害関係者）としてはどうしてほしいのか、という話を挑戦的にお話し願いたいと思っています。

その前に、シンポジウム参加者の皆さん、フロアにいらっしゃる皆さんからお話や質問をお聞きして、登壇者に答えていただく手順にしたいと思います。

最初は、埼玉県地球温暖化防止活動推進センター事務局長（NPO法人環境ネットワーク埼玉事務局長）の秋元智子さんのお話からお伺いしたいと思います。

秋元●私ども埼玉県地球温暖化防止活動推進センターは、埼玉県内の温暖化対策を地域レベルで、行政、市民、推進員、企業の方々との連携で進めています。地域の25％削減に向けて、とくに家庭を対象に活動をしている中で、現場というのは大変生々しいところで、ジレンマがいっぱいあると感じています。

省エネの技術が進み、イノベーションによるCO_2削減は、経済対策も含めて今後非常に進んでいくだろうと思います。また、そうなることを期待していますが、施策を進めていく中で、消費者、いわゆる私たちにとって、削減に向けた行動づくりにつながる動機づけが必要になってくると思っています。

全国に45ある地域センターの1つのセンターとして、昨（２００９）年11月、行政刷新会議の仕分けで、センターの基盤整備事業と一村一品事業に関する予算が廃止となりました。その結果を、私たちは真摯に受けとめ、今後のセンターの活動の仕方やあり方を時代のニーズに合わせて変えていかなければならない、と思います。

ただ、やはり地域の中では、上の方が考えられるようには進まないという現実があり、意識の向上が必要といっても、意識がなかなか進んでいかない人も沢山います。ある推進員は、工業高校に毎年「講話」に行っていますが、学生たちが遊んでいて話を全然聞いてくれない。どうやったら話が伝わるかと考え、まずはＤＶＤを見せて、そしてゲームやクイズをしながら、話の内容を解ってもらおうと非常に努力しています。このように、まだまだ意識は向上していないのが現実です。

地域レベルでは、まだ普及・啓発活動が非常に重要であると私は考えています。ですから、地域の草の根の方々が動ける仕組みづくり、もっと活動できる仕組みづくりが必要です。また、それに伴う、ヒト、モノ、カネも必要になってくると思います。そして、地域のリーダーの方々が、情報を発信し広げていくことによる、地域の底力、地域力のアップが、これからの温暖化対策の1つとして重要である、と私は思います。

いろいろな立場の方々、私たちのような地域レベルで活動をやっている方、企業で製品を開発されている方、また政策を作っている方、いろいろな方がステークホルダーでいます。さまざまな利害関係を持っている方々が、自分たちの立場、立場で声を上げていくことがこれからは重要であると思います。そして、その声を集めて一緒になって進めていく、そのようなことが大事であると思っています。

西岡●どうもありがとうございました。それではもう一方、今度は行政の方ですが、横浜市の地球温暖化対策事業本部の政策調整幹の市川博美さんにお願いします。

市川●横浜市は、鳩山イニシアティブ25%削減の2年前に、地球温暖化対策に関する行動計画を作成し、ＣＯ―ＤＯと書いて「コード」と読む「ＣＯ―ＤＯ30」、２０２５年までに90年度比で1人当たり30％の二酸化炭素を減らす、という目標を立てました。国の「環境モデル都市」に認定されたということもありますが、現在、市民の協力をいただきながら、30％削減を目指しています。横浜市の現在の取り組み方針の柱は３つあります。

１つ目は、仕組みを整えるための「制度改革」です。その中には、最近注目されているスマートグリッド（次世代送電網）の手法を応用し、まちづくりの中でエネルギーコントロールをどのようにしていくか、踏み込んで仕組みを作っていこうという構想もあります。

２つ目が「エネルギー」です。省エネとともに、私たちは「創エネ」という言葉を使っていますが、$ＣＯ_2$排出量の少ないエネルギーの創出をどうしていくかの取り組みです。バイオディーゼル燃料をはじめ、太陽熱・太陽光の利用等の方策も含めて、新しいエネルギーの利用方向を探っています。

３つ目は、本シンポジウムのテーマの1つでもあり、ＪＣＣＣＡと連携していきたいと思うところの「市民力」です。２００７年の全国$ＣＯ_2$排出量のうち、家庭部門の排出量が13・８％であるのに対して、横浜市はその2倍近い23％を家庭部門から排出している実態があり、地域、市民、あるいは企業の従業員の皆さん方1人ひとりの力を借りながら削減する必要があります。

そのために、地域レベルでの啓発・普及がどのような効果をあげているかという成果も追求していきたいと考えています。先週より、横浜市民５０００人を対象に調査を開始しました。神奈川大学の先生と組み、どういう環境意識の方たちがどこに出かけ、情報はどこで得るのかなどについて調査するものです。イベントやシンポジウムを開くとリピーターが多く、一定の人にしか情報が届いていないのではないか、という反省があるからです。

そこで、年齢や家族構成や住居地によって行動様式や環境の意識に差があるか、情報をどのように入手するかなど、戦略的なマーケティングが必要と考えました。その調査結果を元に、行動につながる啓発・普及事業のステージをどのように作っていくかについて考えたい、と思っています。

効果的な啓発・普及については、ＪＣＣＣＡとも一緒に考えさせていただければと思います。市民には、多様なステージの多彩なライフスタイルがあるので、市民に一緒に行動してもらいたいと考えると、行政だけの発想や力では到底足りません。私が所属する地球温暖化対策事業本部としても、市役所内の各部局とコラボレートして、環境系ＮＰＯだけでなく、多様な分野のＮＰＯや企業の方たちとも一緒に協働していかなければならないと考えています。

実は、先週「環境とメディア」というシンポジウムを市民と一緒に開催しました。開催告知が遅れ、心配していたところ、企画の中心になっている方が、「大丈夫。３日あれば１００人集められる」と言うのです。「どうするの」と驚いて訊いたら、「ツイッターがある」と…。メールを使った口コミとしてのツイッターが、今注目されています。結果的に、本当に１００人近い市民が集まりました。私たちはこれから、ツイッターを含め、いろいろな個人メディアを使いこなす若者に向けてもアプローチしていく必要性を感じます。

　また、福祉系の人とお話ししたとき、「うちは福祉サービス、移送サービスをしているので、自動車は日常的に利用している。CO_2削減について一緒に考えられることがあるかもしれない」と言ってくださいました。そうすると、福祉系ＮＰＯや事業者の方たちとも組めるものがあるのではないかと考えられます。

　そこで、「市民力」でCO_2削減に取り組む横浜市としてこれからやっていきたいのは、いろいろな分野の方たちを「仕掛け人」として増やしていくということです。CO_2削減行動を市民に仕掛ける「協働パートナー」への参画を多方面に呼びかけています。CO_2削減に関心のある企業やＮＰＯに「協働パートナー」として登録していただき、その方たちと一緒に「ヨコハマ・エコ・スクール」、頭文字をとって「ＹＥＳ（イエス）」と呼んでいますが、そのＹＥＳを開催していただく取り組みを始めています。いろいろなスタイルで、若者や主婦や働き手が学び、行動できるような仕組みづくりをしたい、というのがそれです。

　多様なステージ、多彩なフィールドの方たちと、一般市民の方たちに提供していける場を創りたいと、本シンポジウムを伺いながら思いを新たにしました。

西岡●それでは、フロアのほうから何かお話をしたいことがあるようでしたら、お願いします。

千葉県・Mさん●藤村コノヱさんと枝廣淳子さんに質問をさせていただきたいと思います。

市民のライフスタイルというのは非常に重要で、CO_2を80％削減した50年後の社会では、今のライフスタイルとは相当、変わっていると思います。その中で一番気になるのが、今我々が手にしている利便性や便利さを失わずに、このままの状態でやっていけるのか、それで80％削減できるのか。あるいは、藤村さんが言われていましたが、少し利便性を何らかの形でコントロールする、少し少なくするような努力すれば、そういう方向に行くのか。私たちの市民の利便性について、どのような方向に行くのか、コメントをいただければと思います。

北海道・Oさん●2つ希望があります。1つは、パナソニックの宮井真千子さん、企業の家電製品を作っていらっしゃる方に対してです。新しい製品をいろいろ作ってくださるのはすごくありがたいのですが、以前の製品をまだまだ一生懸命大事に使っている方がいらっしゃいます。上手に使えば、もっといろいろな使い方があるのですが、皆さんはなかなかそれが解りません。取扱説明書があっても、そこまではなかなかたどり着けないという状況です。ですから、そういう製品を使いこなせない人たちへの情報提供を、やはり作っている人たちがいろいろなことをご存じなので、しっかりやっていただけたらありがたいと思います。

それからもう1つ、横浜市の市川さんや埼玉県の秋元さんのお話もそうですが、いろいろな地域で頑張っているセンターや、いろいろな先進的な取り組みをしているところがあります。そのような情報を、おそらく北海道の地球温暖化防止活動推進センターもよく知っているとは思いますが、もっともっと皆に上手く伝わるようにＪＣＣＣＡから発信し、各地域の希望を上手く上のほうに伝えていただきたい。そういう「つなぎの役割」を、ぜひもっともっとしっかりやってもらいたい、というのが北海道からこのシンポジウムにお金をかけてきた者の希望です。

東京都・Tさん●パナソニックの宮井さんにちょっとお聞きしたいと思います。

物事を論ずる場合、総論はよくても各論になるといろいろな問題が出たりします。パナソニックは、大変素晴しい企業理念と目標を掲げていて、「エコナビ」のような製品も、具体的な取り組みも大変素晴しいと思います。

応援したいと思いますが、ちょっとひねくれ者の立場で質問させていただきます。環境に配慮した企業活動、製品づくり、あるいはサービスを進めるのはとても素晴しいと思いますが、企業である以上は儲けを出して、売上げを上げなければなりません。製品なりサービスで、環境対応に転換した場合、どれだけの成長、売上げが見込めるか、どのような商品ならばその可能性があるのか、その見通しをお聞きかせいただきたいと思います。

もう1つは、技術革新をすると、いろいろな技術の革新で人を使わなくても製品なりサービスができるということがあります。売上げを伸ばしたときに、雇用は果たしてどうなるのかということにも触れてご紹介いただければありがたいと思います。

西岡●それでは、今のフロアからの質問に答えるとか、シンポジウムのテーマである温暖化防止に向けた「連携」についてお話しください。まずは、枝廣さんからお願いします。

枝廣●「共創」――共に創りだしていくために何が大事か、いただいたご質問も含めて自分の考えをお話ししたいと思います。

大事なことは４つあります。１つは、「コストリテラシー」です。コストに関してきちんと理解し、議論していくことです。残念ながら、このコストリテラシーが今の日本の社会にはありません。

コストを考えるとき、３つ大きなポイントがあります。やることのコスト、やることのメリット、やらなかったときにかかると想定されるコストです。この３つをそろえて初めてコストの議論ができます。例えば、２５％削減を進めると一家庭で１００万円かかるが、それでもいいでしょうか、というような聞き方をされたとします。１００万円を捨てることになると言われたら、誰だって嫌だと言うでしょう。でも、その１００万円を投資することで何が得られて、１００万円かけなかったら後でどんな大変なことになるか、そこまでを含めての議論が大事なのです。

２つ目に、企業とのコラボレーション（協働）に関して、「プロシューマー」という言葉があります。アルビン・トフラーが『第三の波』で用いた言葉で、プロデューサー（生産者）とコンシューマー（消費者）を合わせた造語です。

プロシューマーは、自分たちが欲しいものを企業と一緒に作っていくことができます。例えば、スウェーデンにはガソリン車ではなくエタノール車が欲しい人たちがいました。でも、その時はまだエタノール車はありませんでした。そこで、市民グループの人たちは自動車のメーカーに行って、こういう車が欲しいと交渉しました。自動車メーカーは、大変なリスクだから、売れるかどうかわからない車は作れないと言いました。すると、その市民グループは、「何台が最少ロットなのでしょうか」と訊ねると、「３０００台です」と答えが返ってきたので、「必ず買う人を３０００人集めてきます」と言って、本当に３０００人集めました。そして最初の金型が作られて、スウェーデンでエタノール車が走るようになりました。１回金型ができれば、後は安くできるので、スウェーデンで今、エタノール車が非常にはやっています。

３つ目に、「共創」もしくは「コラボレーション」するためには、これまでとは違う作法が必要だということです。「触媒役」というか、ファシリテーターといった役割が必要です。自分と異なる意見や立場の人たちと、人格否定をせずに意見を戦わせる、議論する、そういった作法を、私たちは身につけていかないといけないと思います。

４つ目は、「本当の目的は何か」を見失わないことです。例えば、いろいろな意見の人と辛抱して話をしているとします。その時に、そもそも何を目指しているのかという本来の目的がわからなくなったら嫌になります。みんなに共通する本当の目的、それは「幸せ」だと思います。

利便性イコール幸せと、ほとんどの人は考えているでしょうが、それはどういう時間軸で考えているのかということも含めて考えていく必要があります。短期的に見ると、便利だったら幸せに感じるかもしれません。でも、短期的な今だけの幸せだけではなく、もう少し時間軸を長くとった形で幸せを考えていく必要があります。そういったことを常に忘れないように、みんなで思い出しながら「社会対話」を、そしてコラボレーションや共創を進めていくことが大切だと考えています。

藤村●枝廣さんとかぶるところがあると思いますので、そこは省きつつ考えていきたいと思います。

　利便性が本当の幸せかというのは、地球が有限であるということを考えればあり得ません。ただし、欲望を抑えるというよりも、欲望の持って行き方を違うところに持っていけばよいのではないか、例えば、知的な欲望はどんどん広げてよい、と考えます。

　欲望の持って行く先を変えることで、我慢というところではないところに行くはずだと思います。精神の自由は、江戸の貧しい時代にもありました。私たちは、利便性の追求に追われて、物質的な欲望ばかり求めて、知恵の欲望の部分を膨らませることを止めています。物質的な欲望ではなく、知恵の欲望を膨らませる、そんな姿を見せていくことが大人の責任だと思います。

　若者から、「今の大人で、尊敬できる大人があまりにも少ない」という話を聞きます。暮らし方、社会との係わり方で、私たち大人は、文句は言うけれども行動しないことを批判されたのだと思います。そこで、私たち大人は、すでに身につけている知恵の良さをもう1回掘り起こして、若者に伝えていくことが大事であると考えます。

もう1つ、中高年の人たちは、俳句の会、何とかの会、旅行などに盛んに行きます。それに費やす時間とお金の全部とは言いませんが、せめてその10％を環境保全の活動に回すだけで世の中は変わると思います。日本人は文句は言うけれども、政治家任せ、行政任せということが、これまで本当に多かったと思います。そこを変えていかないといけない、と思います。

そして、推進員の皆さんは、これまでの仕組みを変えるということで、今、様々な自治体で温暖化防止条例を作る動きが盛んなので、それに参加してほしいと考えます。一般の市民に情報を伝えるだけでなく、そういう活動にも参加することによって、市民にできることは、紙、ゴミ、電気だけではなく、仕組みを変えることに参加できる道がある、というのが見えてきます。ぜひ、そういうこともやっていただけると嬉しいと思います。

それからもう1点、企業、行政との連携について述べたいと思います。イギリスでは、企業が学校に直接行って環境教育をやることはないそうです。企業は、資金や様々な情報をＮＰＯに授けますが、実際に学校で環境教育を行うのはＮＰＯです。企業は後ろからＮＰＯを支えながら、ＮＰＯと一緒に環境教育を行うという形をとっているようです。

このように、企業とＮＰＯがうまく連携をすることによって、地域の環境教育がより進むだけでなく、ＮＰＯもそれによって生かされる場面が増えるわけです。そのための仲介役として行政の役割があると思います。環境教育、普及・啓発は、やはりＮＰＯが中心になってやるべきで、企業には本業での環境対策でもっと頑張ってほしいと思います。行政には、そのための仕組みを作ってほしい、企業には企業倫理に基づく地域やＮＰＯとの連携やサポートに主眼を置いていただきたいと考えます。

ある程度の役割分担をしながら、お互いの得意分野を生かし、それぞれが連携をしていくような仕組みができていくと、より力強い市民社会が生まれてくると思います。

西岡●どうもありがとうございました。最初に、「対立と連携」と申し上げたのですが、そこに入ってきました。

宮井●パナソニックも学校で出前授業を行っており、家電製品の使い方とかエネルギーというのはこんなものと教えています。目的は、企業として地球環境にいいことをしたい、そして社会貢献したいということなので、それぞれ得意なところで連携をすればよいと思います。現に、今もパナソニックは、海外でいろいろなＮＧＯと連携しており、これからも連携しながら進めていきたいと考えています。

北海道のＯさんからいただいている家電の使い方についてお答えします。最近の家電は、多機能になってきています。使いにくいというお客様が多く、私たちとしても本当にわかりやすく伝えたいと思っています。わかりやすく伝えたいという努力をしているものの、取扱説明書を読んでもわかりにくいということを言われます。お客様とコミュニケーションしながら、より良い表現や良い取扱説明書にしていきたいと考えていますので、お感じになられた時には、メーカーにお問い合わせ等をいただければと思います。

一方、多機能化も、実は本当に必要な機能なのか、使わない機能なのかというところを、もう一度消費者の方にも考えていただきたいと思います。お客様側からすると、沢山ついている方がお得感があって、沢山ついている方を選択される消費者が多いことも事実です。以前に比べると、多機能を望むお客様は減ってはきているものの、本当に自分に必要なものを見極めて選択する目を持っていただければ、企業としてもありがたいと思います。

東京都のＴさんからご質問いただいている内容についてお答えします。

まず、技術革新と雇用の関係についてですが、技術革新をしていくと新たな事業が生まれ、新たな雇用が生まれます。パナソニックは、環境革新企業を目指していますが、やはり技術革新で新たな付加価値、新たな市場を生み出すことが大変重要であります。それに伴って雇用も生み出せますので、ぜひ頑張っていきたいと思います。

国内市場では、省エネ商品がよく売れます。省エネでないと、逆に最近は売れない時代になり、企業としては、省エネ性を追求した商品を開発することがイコール売れる商品づくりになります。併せて、企業努力としては、コストを抑えることが重要な取り組みとなります。いかに安いコストで作るかは、本当に企業が徹底して努力をしているところです。そうした商品づくりを続ける中で、環境貢献と事業の成長は必ずしも相反するものではない、と考えています。ですので、創業１００周年にはこんな姿になりたいと申し上げています。

企業、とくに製造業においては、温暖化の問題に関しては保守的とかいろいろな意見もありますが、これからは環境を軸に変わっていこうという姿を描いています。企業としてのパナソニックは、それを実現していきたいと考えています。

また、それを実現するためには、企業だけが徹底的に省エネ、技術革新をしても地球の温暖化はとまりません。使う側も一緒になって温暖化に取り組んでいく、ということも大切であると考えます。今後も、引き続き企業は情報を可能な限り開示し、お客様からも情報をいただき、相互のコミュニケーションをしながら、よりよい社会にしていきたい、と考えています。

杉山●最初に、「連合」の地球温暖化防止に係る運動面についてお話しします。
意識とか啓発の問題はとても重要ですが、そこに加えて具体的な仕掛けをどう創り上げ、どのような行動を展開していくのかということが必要になると考えています。
図1の「連合エコライフ21」をご覧ください。１９９８年、労働組合自らが、ライフスタイルを「身近なところから、できるところから」見直す取り組みとして「連合エコライフ21」を開始しました。従前からの取り組みである「連合の森づくり」や「連合列島クリーンキャンペーン」

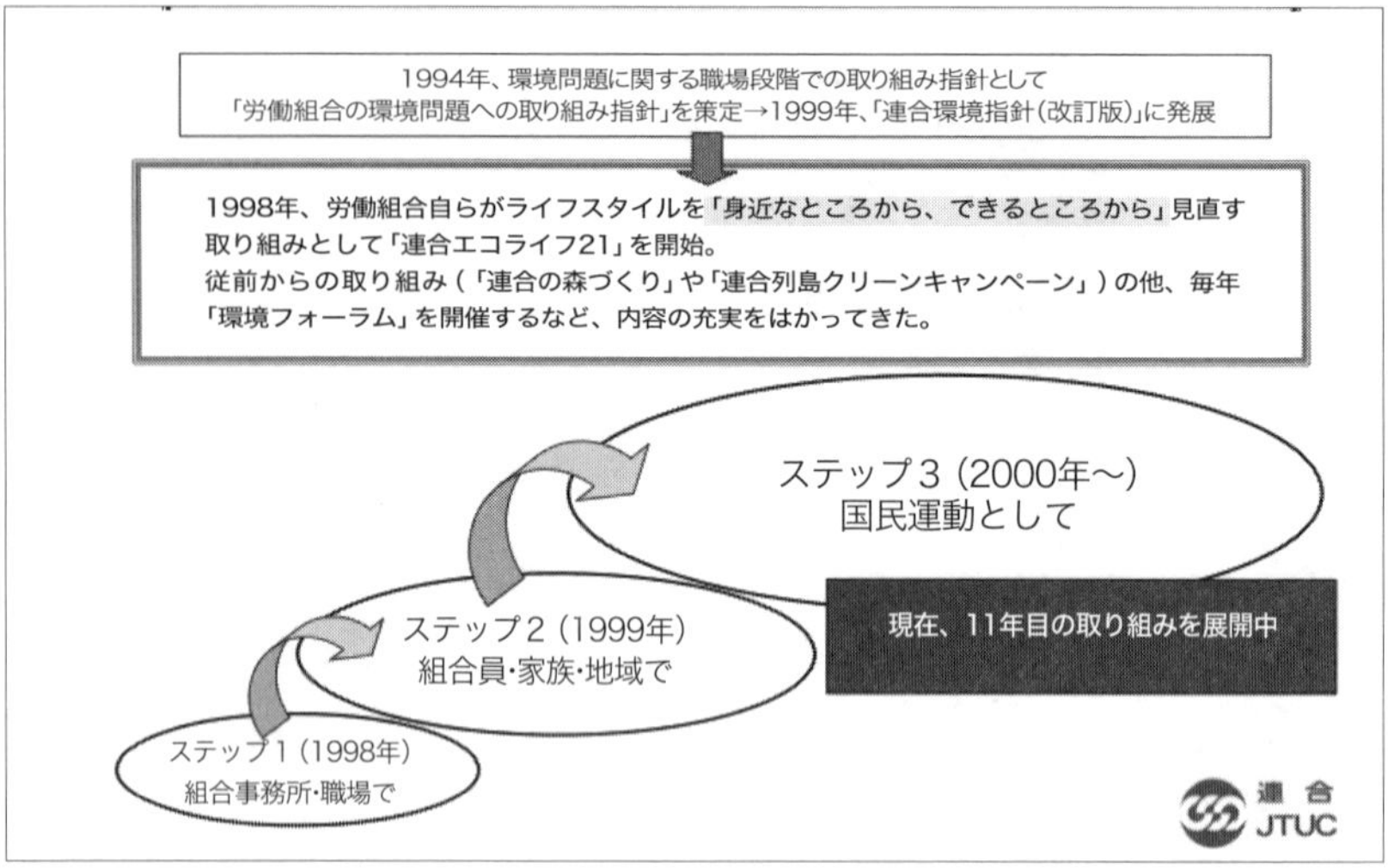

図1　連合エコライフ21

の他に、毎年「環境フォーラム」を開催するなど、その内容の充実を図ってきています。

次に、「京都モデル」と言われているCO_2削減の具体的な仕掛けについてご紹介します。**図2**の「京都CO_2削減バンク」に基づいて説明します。

まず、家庭でいろいろな努力をしてCO_2を減らします。窓を二重サッシに替えたり、環境効率のよいパナソニックの家電を買って減らしてもよいのです。様々な削減につながる行動を通じて、その削減した分を、「エコポイント」として取得する仕組みです。エコポイントは、CO_2削減分を交換する仮想銀行から発行してもらいます。

次に、仮想銀行から取得したエコポイントは、京都市内の交通機関や商店街での商品の購入に回します。エコポイントで買われたところには、今度は企業から補填をしてもらうという仕組みで

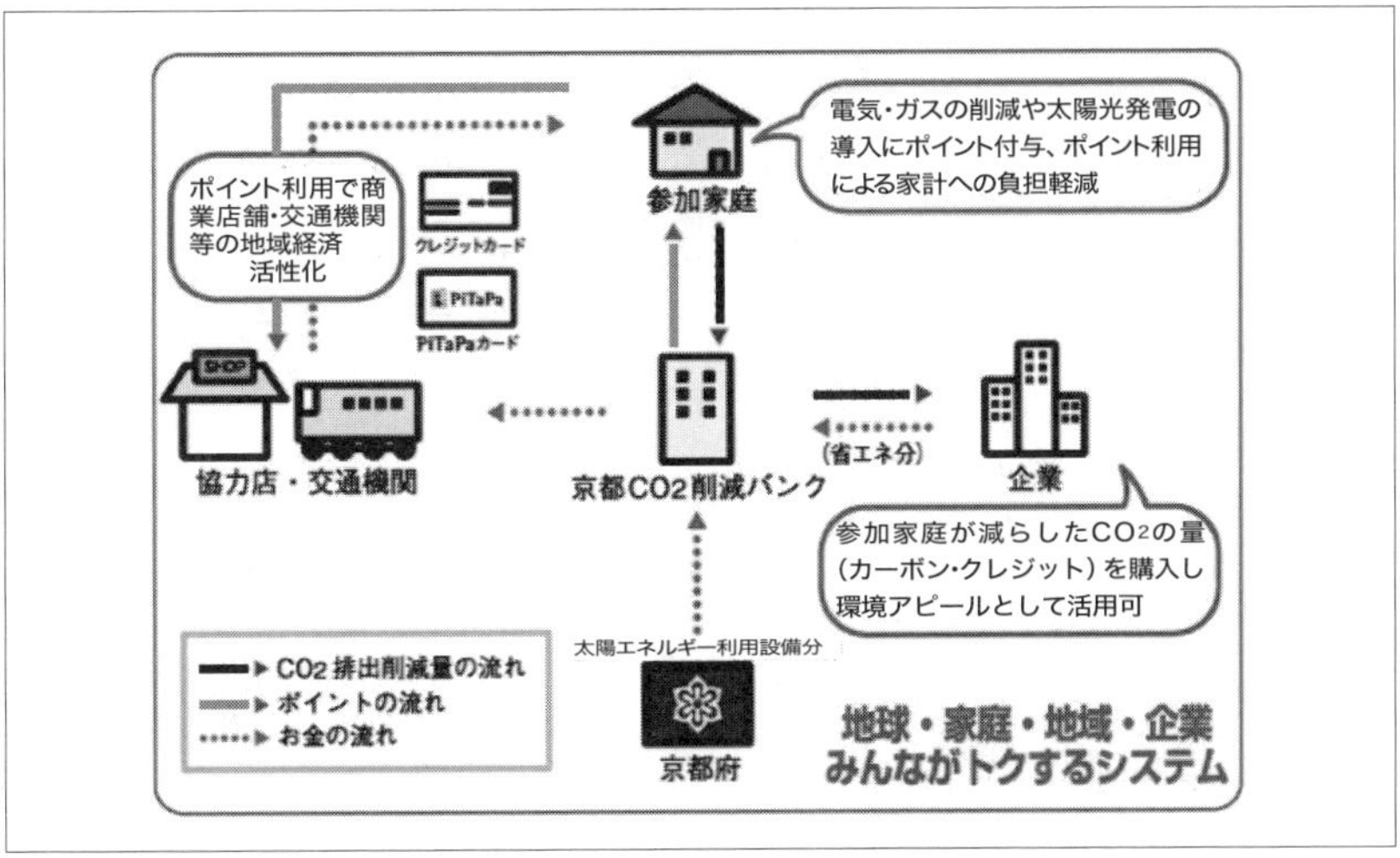

図2　京都CO_2削減バンク

す。

実際に動いているものであり、みんなが行動して、減らしたらポイントがもらえて、それで地域で物が買え、交通機関にも乗れるということは、非常に面白い実験だと思っています。

このような事例を発展させて、日本全国に仕掛けとして作っていけば、新しいCO_2削減の仕掛けの日本モデルとして輸出もできるのではないでしょうか。

すでに、家電のエコポイント、住宅のエコポイント、地産地消のエコポイントとか、いろいろなところのエコポイントができています。それを一元化して、例えば、図の真ん中にある「京都CO_2削減バンク」をどこがやってもよいと思いますが、「日本CO_2削減バンク」として、日本国中のCO_2削減分とエコポイントとの交換をカウントするバンクとする仕組みとするのはいかがでしょうか。構想としては健全であり、日本国内の流通なので、国益の国外流出にもなりません。

しかし、この試みには改善点がいっぱいあります。今、家庭で電力を減らした分はどうしているかというと、電力会社の人が各家庭へ行ってメーターで計り、メーターで減った分を記入しています。それを、将来はスマートメーターやスマートグリッドという技術が普及すれば、各家庭で自動的にCO_2削減分がわかることになります。毎月、家で電気を消した分だけポイントが貯まるということが、もう目の前に来ているといえるのではないかと考えています。そのような意味では、技術革新を後押しすることも必要となります。

それから、実際にCO_2をいっぱい減らせばポイントがもらえるということを、誰かに教えてあげる人も必要となります。それは、ＮＰＯの皆さんの出番かもしれませんが、今回、政府の成長戦略の中では、「環境コンシェルジェ」などという言葉も出てきました。

環境コンシェルジェが、CO_2削減バンクの仕組みといろいろな面で連携し、エコポイントのうまい貯め方とか、エコ活動のうまいやり方を教えて回るとか、新たな活動や生産行動が生まれてくる可能性があると思います。

最後にエコポイントについて申し上げます。結構根づいてきましたが、アメリカの環境政策の責任者と意見交換して、日本のエコポイントを説明したらさっぱり通じませんでした。「何だ、それは。よくわからない。マイレージか」と言われました。マイレージと言われれば、マイレージかなと思いますが、要は仮想でポイントを貯めて、それで何でもモノが買えたり何かをできる仕組みと答えました。

今回のエコポイント等の仕組みは、たぶん日本独自のものだと思われます。そういう意味では日本が生み出したエコポイントは、今、大々的にやっている業界もありますので、是非このような仕掛け、全員が参加できるような仕掛けを今後考えていきたいと思っています。

西岡●ちょうど時間となりましたので、ここでシンポジウムのまとめをしたいと思います。いろいろお話があった中で、一番大切なことは、「今や変化している」ということ。この変化によって起きているいろいろな摩擦に対しては、直視しようということでした。

コストの話、それから雇用の話もありましたが、消費者、生活者がカギを握っていると同時に、その責任も重くなってきて、勉強と行動が要求されてきたということです。行動も、そこから始まるのではないか、評論家はやめようというのが、第1の合意でした。

2番目が、具体的に仕組みを作っていこうということです。技術のシステム、スマート（賢い）モデル、とくにスマートメーター、スマートグリッドですが、このようなシステムづくりを、法律も一緒に含めて仕組みを作っていったらどうだろうか、ということでした。

それから、とくに企業とのコラボレーション、技術的なものと消費者が欲しいものとをどのように組み合わせていくかということに関しては、お互いにそれぞれが要求し合うところから共働作業が始まるのではないか、ということでした。

地域からは、とくに北海道、それから埼玉、あるいは横浜の方からもＪＣＣＣＡしっかりやってくださいというお話もあり、なかなかよい話ができました。

それから、我々はよくグリーン グロウス（低炭素社会の経済成長）とかグリーンインベストメント（環境関連企業への投資）の話をしますが、三橋規宏さんも言われるように、「もうこれまでのエネルギー高消費のやり方は続けられない、低炭素の方向に変えて行こうよ」という、今の我々の思いそれ自体が、グリーン グロウス、ローカーボン グロウスになっていると思います。とくに何か新しいことや新規なことをやるのではなく、今やらなければいけないことをやっていれば、それがりっぱなグリーン グロウスであると言えます。

そして、「本当の幸せとは何か」を真剣に考えるということ、人に言われるのでなく、本当に自分の頭で考えることから幸せな未来が始まるのではないでしょうか。しかし、今回はそれだけではなく、仕組みを作るところに皆で協働していこう、という話ができました。

パネリストの皆さん、どうもありがとうございました。それから、聞いていただいた方、意見いただいた方もどうもありがとうございました。それでは、これでパネルディスカッションを終わりたいと思います。

第2章 温暖化防止への取り組みと「一村一品運動」

地球を次の世代にどのようなものとして引き渡すのか

ＪＣＣＣＡ（全国地球温暖化防止活動推進センター）は、１９９９（平成11）年の設立以来、地球温暖化防止の問題についてさまざまな活動をしてきました。

主なものは、地球温暖化に関する情報収集や普及啓発、全国各県の都道府県センターの支援、またそれぞれのセンターとともに地域で活動している地球温暖化防止活動推進員の方々の研修や日々の活動支援を行ってきました。

また、国民的な運動を作っていくうえでは、各主体間の連携が大事になってきます。したがって、地球温暖化防止活動の中でＮＰＯや企業や団体との連携を図りながら、さまざまなイベントやシンポジウムをしたり、展開をしてきました。

それから、小学校や中学校、高校などに対しては、環境学習プログラムなどを開発して環境教育担当の先生方に提供し、環境学習の拠点として東京で「ストップおんだん館」を運営する活動も続けてきました。

こうした活動は、一見してとても地味な活動に見えます。全国センターは何をしている所かというような声が聞かれることもありましたが、中央と各地のセンターを結びつけたり、それからＮＰＯや企業や行政など主体間の連携をとって、地球温暖化防止に関する国民の意識の高揚を図ったり、地球温暖化防止というのはどういう問題なのかを国民にわかりやすく普及していくといった活動では、大きく貢献してきたと思います。

さて、私たちが生きている地球を、次の世代にどのようなものとして引き渡すのかということはとても大事なことです。私たちの世代の次の世代の人たちから、「あの時代の人たちは何と無責任な生き方をしたのか」と言われることのないような、そういう生き方をしなければいけません。この地球温暖化の問題に関しても、放置しておけば次の世代の人たちが根本的な問題に突き当たるわけですから、地球温暖化防止の問題を国民的な問題としてどう解決していくのかということが大事になります。

CO_2 25％の削減については、政府の役割や、あるいは行政の役割や企業の役割とそれぞれ数値目標を立てたり大事な役割があります。私はいつも思うのですが、そういう政府や行政や企業を動かすのは、実は国民がどう考えるかにかかっているのです。国民の世論や国民の意識がどこにあるのかによって、政府あるいは企業をその気にさせるかどうかというところに返っていくわけです。したがって、1人ひとりの生活の場で、この地球温暖化防止がどのようにとらえられるのかということが、私はとても大事だと思います。

一村一品運動——「ストップ温暖化の甲子園」

最近3年間、ＪＣＣＣＡは地球温暖化防止に関する「一村一品運動」をやってきました。一村一品は、地域の中で1人ひとりの国民がどのような地球温暖化防止のアイディアがあるのか、全国的に集めることを目的にしています。そのために、まず各県の中で第1位を選び、そして東京に全国47都道府県の代表を集めて、高校野球の甲子園大会のようにそれを絞り込んで、グランプリとかさまざまな賞をあげようという活動をやってきました。

3年間で、何と全国から３６００以上のアイディアが集まったのです。しかも、政府から何か言われたからこういうことをするとか、行政から言われたからこういうことをするというのではありませんでした。出てきたアイディアは、みんなそれぞれの地域に住んでいる人たちの資源を活用してどんな地球温暖化防止の活動ができるのか、あるいは自分たちの生活のありようをこういうふうに変えることで地球温暖化防止に貢献できるのだ、というようなさまざまなアイディアでした。まさに草の根からのアイディアであり、こうした活動こそが実は本当にＪＣＣＣＡらしい活動だったのではないかと私は思っています。

私は、この一村一品運動の実行委員を務めさせてもらいましたが、２００９年度だけでも全国から１３９４件もの応募がありました。各県ごとにも大会が開かれました。各県の中で1位を選ぶわけですが、そこにもたくさんの地元のマスコミの人たちが来て、どういうアイディアが出てきたかということを報道しました。

47都道府県で、すべてそういうことが行われたということは、地球温暖化防止に係わる宣伝効果や普及効果としては計り知れないものがあったろうと思います。繰り返し、繰り返し、各県でそういう地球温暖化防止に関する庶民のアイディアが報道されたわけです。参加してきた人たちの年齢も、小学生や中学生から、若い人から、女性から、そして年寄りもいろいろな人たちがこの一村一品運動に係わってきました。そうを考えると、地球温暖化防止の壮大なすそ野が、この一村一品運動の中から生まれてきたと思います。

○２００９年度の一村一品大会のアイディアから

２００９年度の一村一品大会の様子を紹介したいと思います。**図1**は、それぞれの県の1位になった活動をポスターにして、大会の前のホールでアイディアはこんなものですよと発表している写真です。

一村一品全国大会の審査方法は、まず各都道府県で第1位になった案件を書類審査します。それから全国の代表たちが集まって、5分間ずつプレゼンテーションをしてもらいます。そのプレ

図1　ホワイエ・ポスターセッション

ゼンと書類審査で入賞者を決めていくわけです。**図2**は、富山県の代表の人たちの発表ですが、漁師たちが地球温暖化防止に取り組んだというアイディアです。

海が磯焼けして魚がとれなくなってしまった。漁師たちが力を合わせて山に登って植林をして、山でとれた間伐材で漁礁を作って、魚を呼び込んだ。しかも、海の中には海草がたくさんできるようになり、その力でCO_2を吸収する海を作ろう、というアイディアのものが２００９（平成21）年度の１つの賞に選ばれました。

３年間やってきましたが、漁師たちが地球温暖化防止に取り組むという話が出てきたのは初めてでした。

長崎県の小浜温泉というところからは、温泉の熱とか地熱エネルギーを活用して、地球温暖化防止に取り組んでいる高校生の発表がありました**（図3）**。日本には国中にふんだんに温泉があるので、この温泉を活用しながら町おこしをして、しかも地球温暖化防止に貢献できるという、他の温泉地にも1つのモデルになるようなアイディアだということで賞を獲得しました。小浜温泉ということからオバマ大統領の写真もポスターに

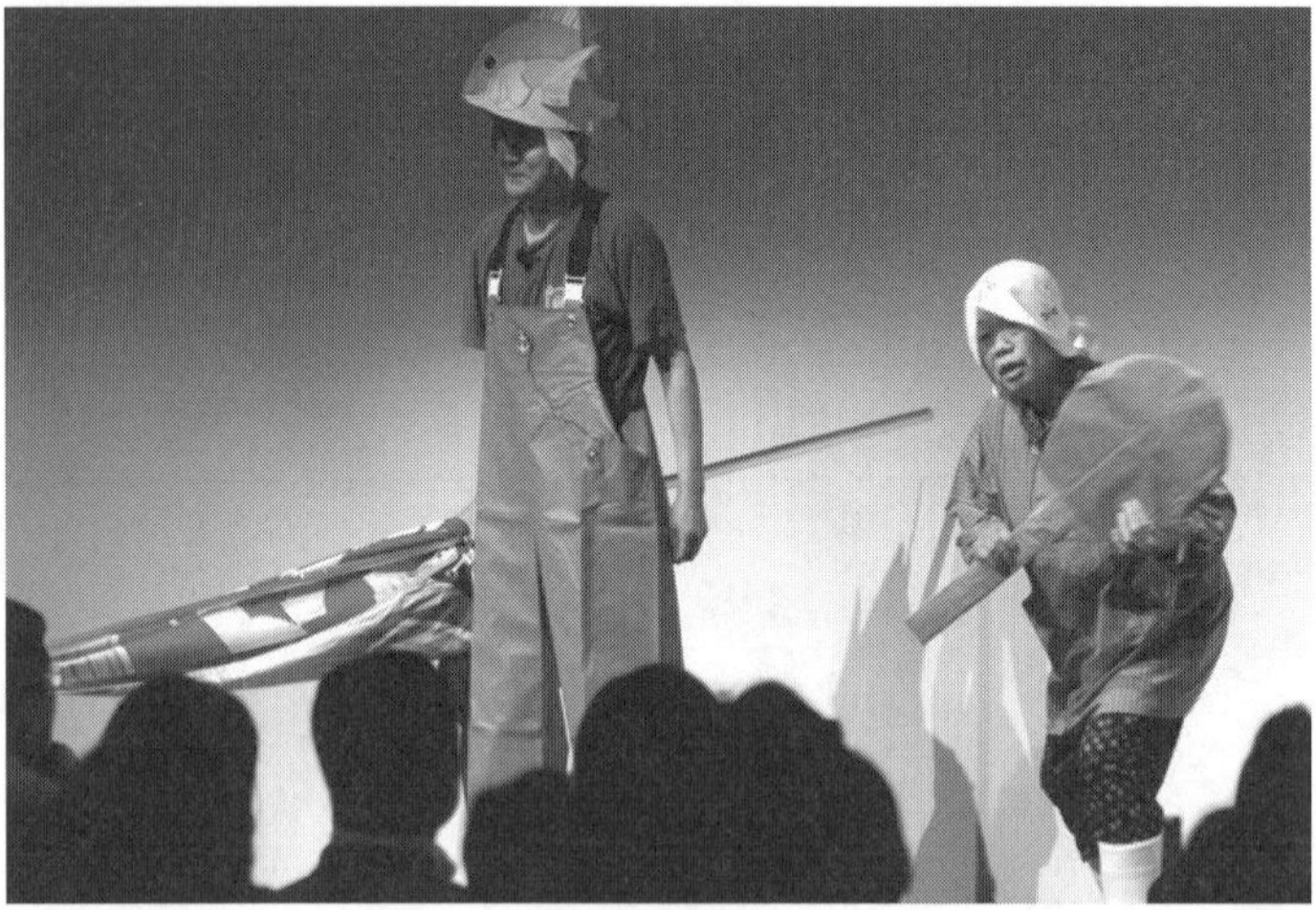

図2　富山県代表：間伐材と貝殻を利用した魚礁（魚の家）

図3　長崎県代表：小浜温泉熱によるバイオディーゼル燃料製造と活用

図4　大阪府代表：梅田スカイビル「新・里山」、都会の真ん中で自然体験

なっていました。オバマさんにあやかって地球温暖化防止を頑張ろうということです。

図4は、大阪の例です。大阪のど真ん中、梅田に里山を作ったというアイディアです。積水ハウスという企業が取り組んだものですが、大きな企業のCSR（企業の社会的責任）からも地球温暖化防止に係わることができるということと、里山を作ることでそこへさまざまな小動物、昆虫、鳥などを呼び込み、生物多様性を保全することができる、というアイディアが受賞につながりました。

京都の長岡京市では、町の商店街の街灯をLEDの街灯に全部変えてしまうという取り組みをしました（**図5**）。自分たちでお金の計算もし、町中の街灯を変えてしまうとどれぐらいCO_2が削減できるのか、どれぐらい経費が安くなるのかということを小学生たちと一緒に研究して、しかもこのLEDは、子どもたちがみんな手作りで作っていきます。その結果、CO_2の削減の効果も非常に高いということで、この京都市の試みも賞を得ることができました。

図5　京都府代表：商店街の“まちあかり”で子どもたちの未来を照らせ

図6は、東京都の代表例ですが、この代表たちは東京都内の４５００店舗のレストラン、居酒屋と提携して各店から出てくる廃食油を回収し続けています。しかも、その各店舗を一般家庭から出る廃食油の回収拠点とするという取り組みが評価されました。

この油でバイオディーゼル車を走らせています。こんな活動は、世界に誇れる活動ではないかということで高く評価されました。

最後に、２００９年度のグランプリで最優秀賞ですが、鳥取県の北栄町という町の発表です（**図7**）。この舞台で説明している人は北栄町の町長さんで、自ら出てこられました。町の力で、町をあげて風力発電を作る。その取り組みと、風力発電ひとつ作るということから町民すべての生活のありようを変えていこう、という試みが高く評価されて最優秀賞に選ばれました。

この北栄町の風力発電の取り組みは、CO_2の削減量においても、大会に集まった参加団体の中

図６　東京を油田に変える！～TOKYO油田2017プロジェクト～

図７　鳥取県代表：風が運ぶ贈り物

の最高の数値を獲得しました。

○草の根からの運動が国民の意識を高める

こうしてそれぞれの地域がそれぞれの地域の資源を生かしながら、しかも生活の場から地球温暖化防止に取り組むという、これが一村一品運動の１つの姿です。

こうして草の根からの運動が起きていって、国民の意識が高まって、そういう地球温暖化防止に係わる国民世論が形成されれば、それが政府やあるいは企業の取り組みを後ろからきっと後押しするに違いないと私も思います。

残念ながら、予算の関係で、この一村一品の取り組みは２００９年度で終わる[註)]ことになりましたが、形を変えてこうした国民１人ひとりの生活の場、それから地域の資源を活用しながらの地球温暖化防止の取り組みを今後も続けていきたいと考えています。

註) 一般社団法人地球温暖化防止全国ネット（全国地球温暖化防止活動推進センター）では、後継プロジェクトとして、２０１０年度は、「低炭素杯――低炭素地域づくり全国フォーラム」が開催されている。

第3章 世界に発信する「ストップ温暖化一村一品運動」の取り組み

コペンハーゲンからの発信

「ストップ温暖化一村一品運動」は、環境教育と地域への働きかけのいい手段だと確信しています。意識高揚のためです。どの村でも、どの学校でも、どのオフィスでも活動を奨励しています。二酸化炭素の削減の仕方を「見える」ようにしているのです。どうすべきか、どうつながりをつくるのか、省エネや節電の仕方、二酸化炭素の削減の仕方を学ぶことができます。

結果は、とても楽しいです。気候変動問題は、このコペンハーゲン会議のように、いつもシリアスです。だからこそ、楽しく、喜びがあるということが非常に重要です。県代表に選ばれると、自信が出て、誇らしくなります。代表に選ばれたその日から、どの県代表も、自分の県で広く知られるようになります。全国大会の受賞者、環境大臣賞、金賞、銀賞、銅賞の受賞者は、全国で知られるようになります。活動内容やムダを省くやり方が全国に普及するのです。

どうぞ、この運動の考え方を皆さんの国に、皆さんの地域に持ち帰ってください。とても簡単で、お金もそんなにかかりません。こんなコンテストを皆さん流のスタイルで、独自の工夫でやってください。本当のソフトなＣＤＭ（クリーン開発メカニズム）註）だと思います。

註) ＣＤＭ（クリーン開発メカニズム）：先進国が途上国で温暖化対策の事業を行い温室効果ガスを削減した場合、削減量の一定量をその国の削減目標に加えることができる制度

このように締めくくると、１５０人を超える、立ち見客も目立つ満員の会場全体から大きな拍手を浴びました。アジア系の数人から質問も出ました。２００９年12月10日、デンマークで開かれたＣＯＰ15（気候変動枠組条約第15回締約国会議）のサイド・イベント「低炭素アジア：ビジョンと行動」の報告のひとつとして、「Isson Ippin (One Village,One Action)Campaign : National Competition for Climate Change Actions 」と題した報告です。地球環境戦略機関（ＩＧＥＳ）、国立環境研究所とともに、全国地球温暖化防止活動推進センター（ＪＣＣＣＡ）が主催したサイド・イベントでした。

日本では「事業仕分け」によって一方的に「廃止」と宣告されたこの事業が、やがてアジアのどこかの国で、世界のどこかで、地域レベルでの草の根の温暖化防止活動のコンクールとして、芽を出すことを夢見ています。

「ストップ温暖化一村一品運動」とは

「温暖化対策『一村一品・知恵の環づくり』事業」は、２００７年～９年度まで３年間実施されました。環境省と全国地球温暖化防止活動推進センター（以下、ＪＣＣＣＡ）、各都道府県にある地域地球温暖化防止活動推進センター（以下、地域センター）、この３者を中心とする協働（コラボレーション）の事業です。

私は、地域地球温暖化防止活動推進センターの全国連絡会の代表幹事（２００６年７月から２００８年７月まで）として、２００６年秋の予算要求、企画段階から、この事業に係わってきました。「協働」といっても、とかく名ばかりの、官主導の「お仕着せ」的で、予定調和的な協働が多い中で、この事業は、環境省の担当者とＪＣＣＣＡ、地域センターが試行錯誤しながら、知恵を振り絞り、口角泡を飛ばし激論を重ねながら、文字どおりゼロから立ち上げたものです。

都道府県レベルでの地方大会と都道府県代表による全国大会の２つからなります。私は全国大会と宮城県大会の実行委員長を３年間務めました。単に、温暖化防止活動の全国コンクールをやったのではありません。当初の最大の不安は、いったいどれだけ応募数があるかです。結局、地方大会への応募数を合計すると、初年度は１０７４件、２年目は１１３０件、３年目は１３９４件、合計で３５９８件にものぼります。これらは、各都道府県の地域センターが発掘し、応募を呼びかけ、掘り起こしたものです。

○地方大会の実情と意義

地方大会は、できるだけ各地域センターが創意工夫できるように、名称や運営、審査方法なども自主性に委ねました。

宮城県大会を例に、標準的なパターンを記しておきましょう。宮城県の場合には、「ストップ温暖化センターみやぎ」が、宮城県地球温暖化防止活動推進センターの指定を受けています。２カ月に1度開催する、このセンターの運営委員会で、細目を決定していきました。県大会の名称は、「エコdeスマイルコンテストinみやぎ」としました。このように、方言を活かしたり、地域色を強調したり、各都道府県とも、大会のネーミングをそれぞれ工夫しています。

宮城県では、２００７年6月から募集を開始しました。幸い、県の環境政策課がきわめて協力的で、地域センターの職員と、県内の市町村に一緒に出向いて、応募を呼びかけてくれました。

宮城県は、県との連携・協働がうまくいった代表的な県だったようです。県大会の最優秀賞には、宮城県知事賞を贈ることができ、最終報告書は県の予算でつくっていただくことができました。環境政策課の課長が、選考委員の1人として加わっていただいたほか、大会当日は環境政策課の職員が休日返上で、得意の音響係のミキシング役をかって出てくれたり、また大会終了後の懇親会には毎年、環境政策課の課長と職員が遅くまでつきあってくれました。

県の協力の程度は、都道府県によってだいぶ温度差があったようで、宮城県の場合には職員の個人的なコミットメントも強く、他県からは非常にうらやましがられました。

県大会の選考委員は、１年目は10名の方々に、２年目、３年目は12名の方々に就任いただきました。ＮＧＯ・市民代表、推進員代表、メディア関係者、学識者・文化人など、各界から、これぞという方々に選考委員をお願いしました。どの都道府県でも、地域センター関係者の日頃からのネットワークを駆使して、各界から各県の「顔」となるような選考委員を選ぶように努力していました。

宮城県の選考委員で特筆すべきは、仙台市在住の作家の佐伯一麦さんが、多忙にもかかわらず２年目、３年目の選考委員となってくださったことです。佐伯さんには、自らのアスベスト被害をモティーフにしたルポルタージュ『石の肺――アスベスト禍を追う』（２００７年）という作品もあり、環境問題への関心も高い方です。広く市民に敬愛されていた元仙台市長の藤井黎さんも、初回から選考委員をお引き受けくださり、毎回熱心に選考くださり、とくに子どもたちに温かいコメントを寄せてくださいました。病のために、２０１０年４月に79歳で逝去されました。

宮城県大会でもう一つ特徴的なのは、協賛企業9社から5万円ずつの協賛金をいただけたことで、県代表以外の上位9チームにも、企業名をつけた賞（5万円分の商品券を副賞に）を贈ることができました。

○一番苦労した募集

一番苦労したのは、何といっても募集です。ポスターをつくり、地域センターのサイト、地元紙（とても応援してくれました）で応募を呼びかけたほか、前述のように、市町村に電話をし、とくに手応えのいい市町村には、県の職員とともに直接、訪問しました。

このコンテストは、狭い意味での温室効果ガスの削減コンテストにはとどまりません。それだけでは、地域の中で広がりが持ちにくいからです。むしろ、さまざまな環境配慮型の取り組みに対して、温室効果ガスの削減という観点から位置づけなおしてみて、こんな風に寄与できているのではないかと、再定義を呼びかけたコンテストだったともいえるでしょう。

宮城県大会の場合には、全国大会の審査基準をモデルに、地域浸透度、主体間連携、地域活性度、独自性、継続性、将来性、アピール度、温暖化防止効果の8項目で総合的に審査をしました。地域への広がりや浸透度、アピール度も重視したのです。

センター事務局スタッフのがんばりや県の環境政策課の協力もあって、初年度は61件、2年目は68件、3年目は76件の応募がありました。いずれも、全国で1、2を争う応募件数でした。この中から書類選考で、県大会のプレゼンテーションに臨む20件を選びました。選考員による書類選考の場も、真剣な議論が活発に交わされ、大変勉強になりました。

この大会の特徴は、個人、家庭、学校、企業、自治体などのジャンル別にせず、全体をひっくるめて、県代表を選出する点にあります。企業や個人の取り組みをどの程度積極的に評価すべきか、議論が分かれるところで、企業や個人に対してはやや評価が辛くなる印象がありました。

上位20団体に7分間ずつのプレゼンテーションをしてもらう形で、11月に、県大会を開きました。プレゼンテーションをして評価するのも、この大会の特徴です。プレゼンテーションを目の当たりにすると、どれだけ説得力があるのか、魅力的な取り組みか、一目瞭然です。

書類選考段階での評価のばらつきに比べて、一堂に会してプレゼンテーションを見たうえで選考をすると、どれを県代表にすべきか、特別賞の上位9団体の選出も、3回とも意見の一致度は大変高いものでした。選考委員長として、選考の取りまとめにあたりましたが、毎回、自ずと収斂していく印象がありました。

第1回大会から、ＲＮＥＣＳという学生の環境団体のボランティアに協力してもらいました。さらに第2回、第3回は、尚絅学院大学の生活環境学科の学生たちが多数ボランティアとして参加してくれました。せっかくなので、尚絅学院大学の学生さんたちにも、選考委員枠とは別に、彼ら独自の観点から審査をしてもらい、特別賞を授与してもらいました。

司会は、第1回大会から、地元出身のフリー・アナウサー、桜田彩子さんに依頼しました。桜田さんの切れ味はよく、温かな司会ぶりも見事でした。宮城大会での司会が評判を呼び、全国大会の第1回から3回の司会も、桜田さんが担当することになりました。

県大会は、このように市民団体的な性格の濃い、地域センター主催ならではの手づくり的な大会となりました。手づくりであるがゆえの高揚感と感動がありました。

県代表を選出して一件落着というわけではありません。参加いただいた20団体へのお礼の挨拶を含め、事務局はなお大忙しでした。全国大会でのアピール度などを考慮して、全国大会ではどんな点に力点をおいたプレゼンテーションにすべきか、郷土色の盛り込み方も含め、フォローアップ的なアドバイスも行いました。

第1回の宮城県代表は、塩竈市団地水産加工業協同組合の、揚げ蒲鉾などの廃食油からＢＤＦ（バイオディーゼル）を精製し、地域で活用しているという取り組み、第2回の代表は、環境教育に熱心に取り組む仙台市立北六番丁小学校の6年生、第3回の代表は、障がい者も雇用しながら、野菜くずによる有機肥料づくりをもとに、米づくり、酒づくりに取り組む宮城県北に本社のあるスーパーでした。私も、この3カ所を訪れ、全国大会への出場を励ましました。幸い、第2回と第3回の代表は、県の環境政策課の力添えで、全国大会の前に、県知事を訪問し、知事の前で、全国大会でのプレゼンテーションを予行演習するという機会までいただきました。

以上は、私が実行委員長を務めた宮城県大会の例ですが、基本的な運営の仕方は、大なり小なり各県大会にほぼ共通していたようです。

○地域センターの存在が地域に「見える」ようになる

地方大会は、さまざまのレベルでのエンパワーメント（力をつける）の場としても、大変大きな意義があったと思います。県代表に選ばれた団体、特別賞を受けた団体、個人にとってのエンパワーメント効果はもちろん、地域センターにとっても大きな意義がありました。

第一に、何よりも地域センターの存在が、３年間の地方大会を通じて、地域に「見える」ようになりました。それまでは、県の環境政策課と地域センター、温暖化防止活動推進員、これら３者の関係は制度にも裏づけられて強かったものの、地域センターはなかなか地域に出ていくことができませんでした。県大会への応募を呼びかける、県大会を主催する、県代表を選出するという具体的なタスク（仕事）をとおして、地域センターとスタッフは大きく成長しました。市町村、学校、地域の諸団体との関係、メディアとの関係が深まりました。来年は、うちも応募したいという声がセンターに寄せられるようになったのです。地域センターは、ニュースによく登場するようになりました。

温暖化に関する啓発活動は、容易には地域に浸透していきません。県大会への応募、出場、入賞などの具体的な課題をとおして、センターと地域との関係は深まっていきました。

第２に、地域センター間の横のつながりも深まりました。２００６年度にこの事業を具体化するプロセスの中から、北海道・東北、関東、中部、近畿、中国・四国、九州・沖縄の６ブロックで、年３、４回程度、ブロック会議を行うことになりました。どういう大会が可能かというアイディア出しから始まって、募集の仕方、大会運営のノウハウ、県大会・全国大会を終えての反省など、ブロック会議は、一村一品事業に関する意見交換、ノウハウの交換の場として大きな意味を持つようになりました。

地域センターへのこの事業の予算は、１センター当たり年間５５０万円でした。広報費、会場使用料などの大会運営費、交通費、事務局経費、選考委員への薄謝などが主な使途です。大会運営などは多くのボランティアに依拠し、県の有形無形のサポートもあり、事業の内容を純粋に商業ベースでやれば、この2、3倍は優にかかったことでしょう。

２００９年11月の事業仕分けでは、この５５０万円（全体では全国大会の開催費用を含め年間３億円）が「ムダ使い」であるかのように批判を受け、一方的に「廃止」と断罪されましたが、費用対効果という点でも、こんなに多くのものを生み出した５５０万円の事業はめったにないのではないか、大変安上がりの事業だったと、私は実感しています。

全国大会の豊かな内実

○競い合いと交流、相互学習の場を提供

全国大会の企画、運営も、実行委員会を構成する幹事県センターなどの地域センター主導で進みました。とくに全国大会をどう盛り上げるのかという点に、アイディアを絞りました。

47都道府県代表が、４分間のプレゼンテーションをするだけでも、入れ替え時間を含め、最低２００分間が必要です。挨拶や休憩を含めると、大会としては6時間かかります。当然、表彰式は翌日にならざるをえません。その場合、２日目の午前中は何をやるかも課題になります。

全国大会は、単なるコンクールではなく、温暖化に関するノウハウなどを交換する交流の場でもあるべきです。競い合いと交流、相互学習という異なる2つの契機を満たさなければなりません。

第1回大会の反省をふまえて、第2回大会ではテーマ別の交流会を、第3回大会では参加者の相互交流の場を、2日目の午前中に設けました。

司会の桜田彩子さんの起用をはじめ、宮城県大会が第1回大会の基本的なモデルになったのは大変光栄でした。

長丁場の全国大会ですが、さすがに都道府県代表だけあって、どの出場団体も1件4分間のプレゼンテーションは、少しも飽きさせません。生の舞台特有の熱気が、ここにもあります。毎回、47団体の発表がたちまち終わるという印象がありました。

3回の大会とも、制限時間の4分間をオーバーする代表はほとんどありませんでした。何度も練習して練り上げて臨んできたことがわかります。都道府県代表になって全国大会に出場することが、それぞれの当事者にとって、いかに大きな意味を持つのかを実感しました。

多くの出場団体が、パワーポイントを駆使して、しかも動画もうまく取り込んでいました。いずれも雄弁で、見せ上手です。テレビのバラエティ番組などの薄っぺらさと好対照です。遠くの県の、はじめてその名を耳にするような、小さな町の真摯《しんし》な取り組みが印象に残ります。何度も目頭が熱くなりました。

○全国大会を通しての印象

内容的に印象的だったのは、次のような点です。

1)第1回大会の環境大臣賞に輝いたのは、京都府の高校生でしたが、毎回、高校、とくに農業高校や工業高校の発表のレベルの高さが印象的でした。1年目は2代表が、2年目は6代表が、3年目は12代表が高校でした。高校生の素晴らしい取り組みを、たくさん発掘できたのは、この大会の大きな成果といえるでしょう。

2)第2回大会では、廃棄物の有効利用、循環利用の創意工夫が目立ちました。鶏糞、芋焼酎の絞りかす、ワインの絞りかす、栗の殻、割り箸、古紙、食物残渣、生ごみなどのバイオマスエネルギーとしての利活用のプロジェクトが目立ちました。

芋焼酎の絞りかすを養豚の飼料として利用し、養豚農家からの家畜糞尿を肥料化して、さつまいも栽培に利用する（鹿児島県代表の焼酎メーカー）など、地域の中での資源循環の実現が印象的でした。

3)北海道代表（第1回、第3回）や新潟県代表（第2回）の利雪や冷熱エネルギーをはじめ、京都府代表の北山杉（第1回）など、ローカル色や地域の特産物、地域資源の有効活用を温暖化対策に結びつけた取り組みも目立ちました。この大会が、地域再発見の意義を持つことは、県大会でも実感したことです。

4)東京都や埼玉県、神奈川県や大阪府などの大都市圏の代表にとっては、ローカル色を出すことは難しいようでしたが、大都市圏ならではのＮＰＯ・ＮＧＯなどによる洗練された普及・啓発型のプロジェクトが目立ちました。大阪府代表の「あめちゃん」（第1回）、同じく「フードマイレージ買い物ゲーム」（第2回）は、大阪らしいインパクトのある取り組みでした。

広島県は、地球温暖化対策地域協議会の活動が盛んな地域ですが、3回の代表いずれもが、地域協議会の活動をバックにしたしっかりした取り組みでした。とくに、第1回代表の市民版排出量取引は、アイディアに満ちていて興味深いものでした。

5)第3回大会では、「菜の花プロジェクト」や「緑のカーテン」などの普及を実感することができました。

第1回大会では、発祥の地、滋賀県代表の取り組みが印象的でしたが、菜の花プロジェクト関連は、3年間で、計10代表の発表がありました（類似の「ひまわりプロジェクト」〔第3回、大分県代表〕を含む）。

緑のカーテンは、発案者の東京都代表の報告（第2回）をはじめとして、6代表の発表がありました。各地への広がりが実感できました。

ナタネ油や廃食油などから精製したＢＤＦ利用のプロジェクトは、計18代表にも上ります。広がりを持ったプロジェクトのパイオニア性が評価されて、第1回の滋賀県代表は、第3回大会の折に、審査員の強い推薦によって「環の国くらし特別賞」を受賞しました。

○都道府県代表の取り組みを類型化してみると

３年間の都道府県代表の取り組み計１４１件を、取り組み内容の類型（①〜⑦）、取り組み方法の特徴（a〜d）ごとに整理すると、以下のようにまとめられました（**表1参照**）。

主な特徴は、次のとおりです。

A）取り組み内容を類型別にみると、「環境学習」（⑤）の要素を含む取り組みが最も多く約6割、他は３〜４割程度です。３年目は、「省エネ」（①②）、「その他（植林・里山保全、カーボンオフセット等）」（⑦）が増えています。

B）約9割は、単一主体の取り組みではなく、市民、ＮＰＯ／ＮＧＯ、学校、企業、行政等のうち、複数の主体が連携している取り組みです（a）です。３年目は、地域資源を活用した取り組み（b）が増えています。

○都道府県代表取り組みのデータベースを活用しよう

私の研究室でまず原案をつくり、（株）エックス都市研究所に委託をして、３年間計１４１件のデータベースをつくり、２０１０年10月から公開しています。

http://www.jccca.org/daisakusen/index.html

活動主体、活動人数、予算規模、キーワード、活動概要、地域特性・独自性、各主体の連携、継続性・発展性、活動主体のＵＲＬからなる情報です。

表１：都道府県代表取組のカテゴリー別比率（単年度47件、3年間計141件に対する比率）

項目	年度	H19	H20	H21	3年間計
取組内容の類型	①省エネルギー（家庭・学校・職場等での取組）	34%	32%	40%	35%
	②省エネルギー(交通･輸送に関わる取組)	40%	23%	28%	30%
	③再生可能エネルギー	32%	45%	28%	35%
	④省資源・ごみ減量	30%	60%	34%	41%
	⑤環境学習	47%	70%	66%	61%
	⑥普及啓発	40%	26%	17%	28%
	⑦その他（植林・里山保全、カーボンオフセット等）	2%	15%	15%	11%
取組方法の特徴	a．関係主体間の連携	89%	94%	85%	89%
	b．地域資源の活用	40%	36%	60%	45%
	c．他目的取組との連携	34%	26%	17%	26%
	d．動機づけツールの活用	21%	17%	15%	18%

※　複数の類型に当てはまる複合的な取り組みが多いため、個別類型ごとの比率の総和は100%を上回る。
※　上記は暫定的な分類、下記のデータベースの分類と若干異同がある。
※　バイオマス利活用は、上記③と④の要素を併せ持つが、ここではエネルギー利用は③、マテリアル利用は④に区分した。

取り組み内容からも、取り組み主体からも検索できます。都道府県別、地域（ブロック）別の検索も可能です。例えば、「菜の花」や「緑のカーテン」「ＢＤＦ」など、自分の関心のある言葉を入力してのフリーワード検索も可能です。

このデータベースは、現在、英語化にも取り組んでいます。

データベース化したことによって、１４１件の取り組みは、地域における草の根的な温暖化対策の１４１のモデル、情報源として、いろいろな活用が可能になりました。

都道府県ごとの特徴、ブロック

ごとの特徴などもより精密に分析することができます。

「希望の港」はどこに

温暖化会議が開かれていた、２００９年12月のコペンハーゲンでは、「希望の港ホーペンハーゲン（Hopenhagen）をめざそう！」という合言葉が、街角のポスターなどに目立ちました。「コペンハーゲン」は、「商人たちの港」という意味だそうです。女性市長も、開会の挨拶を、「CopenhagenをHopenhagen（希望の港）に変えよう！」という言葉で始めました。

低炭素社会への希望は、「一村一品運動」のような地域の足元にこそある、日本も捨てたもんじゃない、ということをあらためて痛感させられた、３年間の地方大会であり、全国大会でした。

しかしながら、この「希望の港」は、この大会の実情をほとんど知らない「事業仕分け」という名の「暴力」によって、環境省の担当官を除いては私のような関係者の反論の機会もなく、実情のヒアリングも一度もなされることなく、左記の行政刷新会議の「とりまとめコメント」註)のように一方的に断罪され、「廃止」に追い込まれてしまいました。

本書を手にされた方は、是非、「ストップ温暖化『一村一品』大作戦データベース」を訪れ、検索のうえ、下記の「とりまとめコメント」の指摘の当否を検討いただきたいと思います。

なお、左記文中の「特定の天下り法人への委託」という指摘は、ＪＣＣＣＡの指定法人が、２

０１０年10月から、地域センターが結集して組織した新法人「一般社団法人・地球温暖化防止全国ネット」に指定換えされたことによってクリアーされています。

註）

【とりまとめコメント】

「温暖化対策『一村一品・知恵の環づくり』事業（エネ特）：本事業については、意見が分かれたが、・個別提案を品評する方式の役割は終わっている、・意義のあった事業であったと思われるが、今後は各団体の自主的活動に委ねるべき、・アイディアも集まったのでそろそろアイディアの水平展開を図る時期、等の意見があった。

よって、当ワーキングとしては、廃止を結論とする。前の事業も同様であるが、環境省と評価者の問題意識そのものは、大きく違わないと思われる。環境が大変大切であること、CO_2の排出削減に国民的に取り組まなければならないこと、その普及・啓発活動も重要であり、他方で意識が高まりながらもまだ行動が伴っていない、という問題認識も共有できる。個々の事業についても一定の評価が認められると思われる。

しかしながら、このままこのスタイルで続けていくことが、CO_2削減に本当に寄与できるのか疑問である。また特定の天下り法人に委託を出していることについても、様々な問題点、疑問点が指摘される。

厳しい結果だが、この事業を止めてしまえばいいということではなく、より効果的、効率的な形で行うべきというのが、当ワーキングの考えであることを付言する。」

（２００９年11月25日行政刷新会議）

あとがき

本書の出版のきっかけとなったのは、「25％削減に向けた新しい温暖化防止活動」と題した「全国地球温暖化防止活動推進センター」（以下、ＪＣＣＣＡ）の「10周年記念シンポジウム」でした。このシンポジウムは、２０１０年3月11日に東京の日経カンファレンスルームで開かれ、全国から約２００名の参加者を得て開催されました。

ＪＣＣＣＡには、当時、産業界、学界、自治体、ＮＧＯ、労働界などのさまざまな主体が連携をする場として運営委員会があり、20名の運営委員の方々が参加され、三橋規宏先生（千葉商科大学教授、当時）が議長をされていました。ＪＣＣＣＡ10周年を機に何かひとつこれからにつながる事業をしようということになり、２００９年９月に運営委員会を中心にシンポジウムの企画が作られました。

その後、本格的に準備を始めた矢先、同年11月25日に開催された政府行政刷新会議の「事業仕分け」において、環境省から(財)日本環境協会に委託され、ＪＣＣＣＡによって実施されてきた「地球温暖化防止活動推進センター等基盤整備形成事業」及び「温暖化対策『一村一品・知恵の環づくり』事業」がいずれも廃止と決定される事態になりました。

ＪＣＣＣＡをとりまく環境が、とても10周年をお祝いするような雰囲気ではなくなり、シンポジウムが実施できるかどうかも危ぶまれた中で、運営委員会議長の三橋先生からは、「こういうときこそ信念を持ってやりなさい」との大変心強いお言葉をいただきました。

その一言に支えられて準備を進めた結果、協賛をいただいた６つの団体（佐川急便株式会社、財団法人損保ジャパン環境財団、株式会社大地を守る会、東京ガス株式会社、東京電力株式会社（以上、五十音順））からの浄財をもとに、１００％を自主事業予算で賄い、開催に漕ぎ着けることができたのは、基調講演の三橋規宏先生、基調報告講師の藤田和芳氏（大地を守る会会長）、そしてパネリストを務めていただいた西岡秀三先生（国立環境研究所特別客員研究員）、枝廣淳子氏（環境ジャーナリスト）、藤村コノヱ氏（ＮＰＯ法人環境文明21共同代表）、宮井真千子氏（パナソニック(株)環境本部副本部長）、杉山豊治氏（日本労働組合総連合会社会政策局長）の多大なご協力の賜物でした。

このシンポジウムを通じて、「変わる」という言葉がキーワードとして取り上げられました。この「変わる」という言葉は、ＪＣＣＣＡの活動についても当てはまるものと思われました。25％削減に向けて、これから地球温暖化対策をしっかりやっていかなくてはいけないという状況の中で、その時代の求めに合った形でＪＣＣＣＡが活動していく、そして役に立つＪＣＣＣＡになっていくことが求められていることが強く感じられました。

そこで、シンポジウムの講演からパネルディスカッションに至る過程でのさまざまな話題を整理し、今後新しく生まれるＪＣＣＣＡに引き継いでいきたいと考え、出版物として上梓することとなったものです。

出版に際しては、10周年シンポジウムの成果を踏まえるとともに、さらに新たな書き下ろし部分を加えて再編集し、地域センター・推進員の方々のガイドブックとなるように、また、広く一般市民が温暖化防止行動を自分事として考え、実際に行動するきっかけづくりとなることを期待して企画しました。本書が、日本のローカーボン グロウス（低炭素型成長）に向けて、全国各地の地球温暖化防止活動の地域センター・推進員、環境・自然保護系のＮＰＯ、団体構成員、有識者、オピニオンリーダー、教師、環境に意識的な市民・学生などの皆様をはじめ、多くの方々にご活用いただくことを願ってやみません。

ところで、ＪＣＣＣＡは、「地球温暖化対策の推進に関する法律」（１９９９年４月施行）に基づき、地球温暖化対策に関する普及・啓発を行うこと等により、地球温暖化防止に寄与する活動の促進を図ることを目的として、環境庁長官（当時）から財団法人日本環境協会が指定を受けて、１９９９年11月に東京都渋谷区青山に事務所を開設しました。須田春海氏（市民運動全国センター世話人）及び竹内謙氏（元鎌倉市長）を運営委員会の共同議長とし、須田春海氏をセンター長とする体制のもとで、その事業活動を開始しました。

その後、須田センター長が退任し、２００３年10月には高木宏明氏がセンター次長兼事務局長に就任し、運営委員会も新たな委員で再出発しましたが、その議長に三橋規宏先生が選任されました。さらに、２００４年４月に東京都港区麻布台に事務所を移転するとともに、ＣＯＰ３の共同議長であった大木浩元環境大臣を代表に迎えました。また、同年７月に学習教材の開発と実践の拠点「ストップおんだん館」を開設しました。

２００８年８月には、事務局長職を筆者・山村尊房が引き継ぎ、２００９年11月からは東京都品川区西五反田へ事務所を移転、ストップおんだん館は「ＪＣＣＣＡラボ」へ業務を移行して、より教材開発と地域支援の機能の強化を目指しました。

また、２００９年度はＪＣＣＣＡが設立されて10年目の節目の年にあたっていたことから、２００９年10月23日に開かれた第39回運営委員会において、次の10年に向けたＪＣＣＣＡの方向について検討するため「中期計画検討会」の設置が決定されていたところでした。

２００９年11月の政府行政刷新会議の決定を踏まえ、環境省は、２０１０年度にＪＣＣＣＡの指定の見直しを行うことを含めた地球温暖化防止活動推進センター事業の大幅な改革を行うことを前提として、新年度の予算編成を行いました。

一方、ＪＣＣＣＡ運営委員会は、こうした状況を踏まえて２０１０年１月に開催された第40回運営委員会において、中期計画の検討をとりやめ、これに代わる対応として、新年度に発足する新しいＪＣＣＣＡへの引き継ぎを目的として、ＪＣＣＣＡ事業の今後に向けた運営委員会としての意見の集約を行うことなどを決定し、２０１０年３月31日に「ＪＣＣＣＡ事業の今後に向けて」

（別記・252ページ参照）と題するレポートをとりまとめました。

これを付記して、ＪＣＣＡの10年の足跡を記録にとどめ、今後の地球温暖化防止活動の参考にしていただくことを願うものです。また、ＪＣＣＡの代表を務められた大木浩元環境大臣はじめ、この間の活動に係わった方々への深甚の謝意を表するものです。

なお、２０１０年初頭以来の環境省における指定法人の見直しの動きに対しては、都道府県知事等から「地域地球温暖化防止活動推進センター」（以下、地域センター）の指定を受けているＮＰＯ法人等自らが、社団法人を組織し、全国センターの指定を目指す方向で議論が進められ、２０１０年８月に、「一般社団法人地球温暖化防止全国ネット」（長谷川公一理事長、菊井順一専務理事兼事務局長）が設立され、２０１０年10月に新たな「全国地球温暖化防止活動推進センター」として環境大臣の指定を受け、活動を行っています。新たな体制の下で、今後の地球温暖化防止活動の一層の推進が図られることを心から祈念するものです。

最後に、ＪＣＣＡ10周年記念シンポジウムから本書の出版に至るまで終始温かいご指導・ご協力をいただいた三橋規宏先生、西岡秀三先生、枝廣淳子氏、藤村コノヱ氏、宮井真千子氏、杉山豊治氏、出版にあたり新たに執筆をいただいた長谷川公一先生（東北大学大学院文学研究科教授兼財団法人みやぎ・環境とくらし・ネットワーク及び一般社団法人地球温暖化防止全国ネット理事長）、佐々木正信氏（財団法人ヒートポンプ・蓄熱センター）、里見知英氏（燃料電池実用化推進協議会（ＦＣＣＪ））、濱惠介氏（エコ住宅研究家）、日山欣也氏（佐川急便株式会社）のご協力に心からの感謝を申し上げます。

また、ＪＣＣＡシンポジウムの開催から本書の企画・出版に至るまで、１年以上の長きにわたって尾﨑博氏（元株式会社電通、現在ＮＰＯ法人プラントアツリープラントラブ千葉支局長）からボランティアとして献身的なご協力をいただいたことを特記し、深甚の謝意を表するとともに、出版に際して多大なご協力をいただいた株式会社海象社山田一志社長に対して心から御礼申し上げます。

２０１１年１月

企画幹事　**山村尊房**（元ＪＣＣＡ事務局長）

別記：ＪＣＣＣＡ事業の今後に向けて

（２０１０年３月31日／ＪＣＣＣＡ運営委員会）

(1) はじめに

ＪＣＣＣＡの指定のあり方については、２００９年11月の行政刷新会議の事業仕分けの結果を踏まえた見直しが行われ、（財）日本環境協会に代わる組織への移行が２０１０年度に行われる予定となっている。

現在の運営委員の任期が、２０１０年３月31日をもって終了するため、運営委員会は、新生ＪＣＣＣＡのもとで再構築されることとなった。これを踏まえ、第41回運営委員会（２０１０年３月31日開催）では、ＪＣＣＣＡ事業の経緯と評価及び今後のあり方について意見交換を行い、その討議結果のとりまとめについては、三橋規宏運営委員会議長に一任し、環境省及び政務三役へ提出することとなった。

運営委員会での討議結果は、今後新たな法人を「指定する側」「指導する側」の参考として活用され、新生ＪＣＣＣＡの構築にあたって、これまで10年間のＪＣＣＣＡの経験が有効に継承されることを期待したい。地球温暖化問題への対策が極めて急務であることを踏まえ、ＪＣＣＣＡの新組織への移行と必要な体制整備が早期に実現することを願うものである。

（２）ＪＣＣＣＡ設立の経緯と機能

「地球温暖化対策の推進に関する法律」（１９９９年４月施行）の制定に際して、地球温暖化防止活動推進センターの設置は、法律事項として位置づけられた。単に普及啓発・情報提供をするのなら、従前からある組織や自治体単位の取り組みでもよいところに、あえて法律が作られたのは、国と地方公共団体というこれまでの公的セクターの縦の流れの話ではだめだという考え方が存在し、新しい産官学の横の連携という従来の仕組みではないものが要るとされたためであった。地球温暖化防止活動推進センターには、市民・事業者・自治体等各セクターが対等に参画して運営し、協力して温暖化防止活動を推進して行くことが求められた。

こうした設立の経緯については、ＪＣＣＣＡの原点とも言えるものであり、活動の目的や性格を理解する上で必ず踏まえておく必要がある。

ＪＣＣＣＡは、法律に基づき環境庁長官から財団法人日本環境協会が指定を受けて１９９９年11月に活動を開始した。法律に定められたＪＣＣＣＡの活動は、次のとおりである。

①複数の都道府県にまたがる啓発及び広報活動、複数の都道府県にまたがる活動を行う民間団体の支援

②日常生活に関する温室効果ガスの排出抑制等の促進方策の調査研究

③②の他、地球温暖化及び対策に関する調査研究、情報・資料収集、分析、提供

④日常生活で利用する製品の温室効果ガス排出量に関する情報収集、提供
⑤都道府県センターの連絡調整、職員研修、指導、援助
⑥これらに付帯する事業

法律の公布に先立ち、「地球温暖化防止活動推進センターの事業・運営等のあり方検討会」が環境庁（当時）において開催され、全国センターの事業・運営のあり方、都道府県地球温暖化活動推進センターの事業・運営等の基本的方針及び全国センターとの連携のあり方の検討が行われた。

１９９９年５月にまとめられた『あり方報告書』（いわゆる安原レポート）では、地球温暖化防止活動推進センターの運営については、旧来型の行政主導ではなく市民等が主体となったパートナーシップ型の運営が強調された。また、センター（全国センター・都道府県センター）の機能・事業としては、情報センター機能（情報の収集・提供、調査研究）及び活動支援拠点機能（支援事業（相談・助言、民間活動の支援）及び連携事業）が位置づけられた。

全国センターの活動・事業のプライオリティとしては、まず、情報収集・提供の活動、事業に最もプライオリティがあると考えられ、次いで、調査研究では、自治体の実行計画や各種施策の評価手法の標準化に関する調査研究等が急がれると考えられた。また、都道府県センターが各県に設置されるまでは、連携事業のうち、各都道府県センターの立ち上げの支援も重要であるとさ

れた。
このように、法律で定められたＪＣＣＣＡの機能は、生活者に対する直接的な啓発・広報活動等を事業とする地域センターの支援並びに日常生活に関する温室効果ガスの排出抑制策の調査研究が主体であり、とくに家庭分野を対象とした温暖化対策の普及・啓発が期待されていると考えられる。

家庭分野、すなわち生活者に対する普及・啓発は、本質的にはライフスタイルや価値観の変革を求めるものであり、非常に難しい取り組みである。また、一般的に言って、普及啓発の成果は現れるまでに長時間を要することから、その価値を評価しにくい取り組みであることをＪＣＣＣＡに関係する全ての者が認識する必要がある。

（3）運営委員会

ＪＣＣＣＡ運営委員会は、『ありかた報告書』が提案したパートナーシップ型の運営の考え方に基づいて構成され、産業界、学界、自治体、ＮＧＯ、労働界など様々な主体から20名の委員が参画し、運営に関する重要事項の審議と地球温暖化対策のあり方に関する意見交換を横断的に行う場として開催されてきた。

10年間の活動を通じて蓄積されてきたＪＣＣＣＡの強みの1つは、運営委員会の存在によって、事実上、〝地球温暖化問題に係わる日本社会のステークホルダー（利害関係者、問題当事者）の協議の場の萌芽が形成〟されてきたということがあげられる。ＪＣＣＣＡにおける運営委員会の設置は、地球温暖化の防止活動に係る様々な立場の人たちの民意を取り入れるために行われたものであり、国の審議会が国による諮問への対応といった公式の審議の場であるのに対し、ＪＣＣＣＡの運営委員会は自由闊達な意見交換・協議が可能な非公式の場となり、様々なステークホルダーの連携のきっかけづくりとして機能し始めていた。これは、地球温暖化対策推進法が直接求めていた機能ではなく、いわば副産物的な成果である。

一方、反省点もあったことを付記しておきたい。(財)日本環境協会のもとで運営されるＪＣＣＣＡ事業の意思決定機関は、正式には協会の理事会・評議委員会であり、これに対して運営委員会の役割は、アドバイザリー的なものであり、運営委員会の決定の効力やその決定に対する運営委員の責任が明らかではなかった。また、ＪＣＣＣＡの事業の内容や実施方法について、法律上の明確な規定がなかったため、運営委員の認識が分かれ、ＪＣＣＣＡの路線を巡る運営委員会の議論は、ともすれば拡散状態に陥る傾向があった。さらに、それぞれの運営委員は、企業や産業界・ＮＰＯを代表して任命されていたわけではなかったため、個人としての意見を述べるだけに留まらざるを得ない限界があったことは否めない。また、『ありかた報告書』が提案したパートナーシップ型の運営については、運営委員会では可能であったが、実際の事業はパートナーシップではできなかったことも反省点である。

今後に向けては、ＪＣＣＣＡには、「産官学民」の代表による運営が必要であるという点では運営委員の認識は一致しているが、新生ＪＣＣＣＡにとって必要な真のパートナーシップづくりには、「あり方委員会」の原点を踏まえる一方、これまでの反省に立った見直しも必要である。

その際、地域センターにおける取り組みには、パートナーシップの成功例が見られることに注目するとともに、ＪＣＣＣＡにおける取り組みには、全国的に何かをやるという意識を持った人が積極的に参加するパートナーシップが求められるべきことを強調したい。

新生ＪＣＣＣＡのもとで再構築される運営委員会については、新生ＪＣＣＣＡの方向性や役割を踏まえて、運営委員の構成を考えることが必要である。

(4) 実施事業

ＪＣＣＣＡは設立以来、これまでの10年間、主として地球温暖化に関する情報収集と普及・啓発、全国45の都道府県センター（以下、地域センター）の支援、都道府県の推進員の研修や活動支援を行ってきた。また、地域で活用できる地球温暖化の学習教材の開発と実践の拠点である「ストップおんだん館」（２００９年11月以降はＪＣＣＣＡラボに移行）において、教材の貸し出しや指導者育成などを行ってきた。このほか、ＮＰＯ、企業、労働組合、生協など様々な団体のパートナーシップのもとに行われて来たライフスタイルフォーラムなどのユニークなイベント等の活動もあった。

こうした活動を通じて、ＪＣＣＣＡは中央と全国各地の地域センターを結びつけ、ＮＰＯや企業や行政など主体間の連携によって、地球温暖化防止に関する国民の意識の高揚を図り、地球温暖化防止の問題を国民にわかりやすく普及するための貢献を目指してきた。

とりわけ、最近の3年間、ＪＣＣＣＡは地球温暖化防止に関する「一村一品運動」の中心となってきた。地域センターが中心となって、各地で1人ひとりの国民の地球温暖化防止に関する取り組みを集め、47都道府県の代表が東京に集まって各賞を競う活動には、3年間で全国から延べ３６００以上の取り組みが集まった。

ここに出された取り組みは、すべてがそれぞれの地域に住んでいる人たちの資源を活用して、どのような地球温暖化防止活動ができるか、自分たちの生活のありようを変えることで地球温暖化防止にどのように貢献できるかを考えたものであり、まさに草の根からの取り組みであった。

小・中・高校生をはじめ、年齢、職業を問わず様々な立場の人たちが、この一村一品運動に係わることにより、地球温暖化に取り組むための壮大なすそ野が、この一村一品運動の中から生まれてきたことが成果である。

こうした活動は、さまざまな主体の連携を目的とするＪＣＣＣＡにとってふさわしい活動であったと評価される。

その反面、一村一品はイベントの実施に勢力を集中しすぎた傾向があり、これが事業仕分けで「廃止」との結論につながったとも考えられ、もっとアフターフォローなどに力を入れるなど、別の視点にしておけばよかったという反省点もある。

一方、ＪＣＣＣＡが１９９９年度の設立以降の5年間に、環境省からの限られた予算で行ったホームページの開設・拡充による情報基盤整備、啓発パネルの貸し出しやパンフレット配布などによる普及・啓発活動、調査研究活動は、ＪＣＣＣＡ本来の全国展開の活動として、その後の基盤を形成するものであった。

２００４年度以降に、エネルギー特別会計予算が導入されたことにより、「都道府県センター職員研修」拡大や「主体間連携推進モデル事業」をはじめとした環境省からの新規委託事業が増加したが、その結果、ＪＣＣＣＡ事務局が地域センターへの予算の配分仲介機関になったり、事業の執行機関化してしまう傾向がみられるようになり、ＪＣＣＣＡが本来の機能を果たせていないのではないか、という懸念が運営委員の中からも出されていた。

ＪＣＣＣＡ創立10年にあたり、運営委員会は記念事業を計画し、「25％削減に向けた新しい温暖化防止活動」と題するシンポジウムの開催により、今後の国民各界・各層の温暖化防止活動のあり方、個人や家庭と地域や社会との連携、さらにその普及・啓発方法について焦点をあて、所期の成果を収めることができた。

この事業は、自主事業の実施によってこそＪＣＣＣＡとしての主体的な取り組みが可能になるとの運営委員会の考え方を踏まえ、企業や団体からの資金的な協力を得て自主事業として実施されたものであり、こうした取り組みを今後のＪＣＣＣＡの活動においても継続し、発展させることを期待したい。

（5）ＪＣＣＣＡを取り巻く環境条件の変化

ＪＣＣＣＡが活動を開始した後の10年の間に、地球温暖化対策を取り巻く環境条件は大きく変化を遂げてきた。各都道府県における地球温暖化防止活動センターの設置は、２００２年度までは13件に留まっていたが、法改正によりＮＰＯ法人が認められるようになった２００３年度以降には設置数が増え、現在では45の都道府県において地域センターが活動を行っている（うち公益法人が24、ＮＰＯ法人が21）。

さらに今後は、２００８年の法律改正を踏まえて指定都市、中核市及び特例市においても地域センターが開設される見通しとなっている。また、都道府県知事によって委嘱されている地球温暖化防止活動推進員の数は、全国で７２４６人に上っている。

こうした反面、京都議定書が２００５年2月16日に発効し、２００８年からはその第一約束期間が始まったにもかかわらず、日本全体の温室効果ガスの排出量は１９９０年比で１・９％（２００８年度速報値）増加している。

２００９年8月の総選挙において民主党が政権交代を果たした後、鳩山内閣総理大臣は、すべての主要国による公平かつ実効性のある国際的な枠組みの構築と意欲的な目標の合意を前提に、温室効果ガスの排出量を２０２０年までに25％削減することを目指すことを表明した。また、政府は、さらに長期的な観点から２０５０年までに80％削減することを明らかにしており、これらの中長期目標を達成するためには、あらゆる政策を総動員することが必要である。

こうした中で、地球温暖化対策に関し、基本原則を定め、並びに国、地方公共団体、事業者及び国民の責務を明らかにするとともに、温室効果ガスの排出の量の削減に関する中長期的な目標を設定し、地球温暖化対策の基本となる事項を定める「地球温暖化対策基本法案」が閣議決定され、第１７４回通常国会に提出されている。

政府の25％削減目標に伴う施策を契機にして、ＪＣＣＣＡには、さらに地球温暖化防止活動を国民運動として広げ、効果を挙げる核となることが期待される。一方、地域センターにおいては、具体的な削減につながる対策として、家庭部門における排出削減を推進するための診断事業やアドバイス事業が、２０１０年度から環境省の補助事業として新たに開始されることになっている。

(6) ＪＣＣＣＡの役割と地域センターとの関係

ＪＣＣＣＡの役割や活動のあり方については、活動開始前時点で『あり方報告書』により整理されたが、その後数回の温対法改正や地域センターや都道府県推進員の活動が各地で進められてきたことに伴い、求められる役割が大きく変わってきた。例えば、環境省が開催した「地球温暖化対策に関する地域連携のあり方検討会」が２００９年6月にまとめた報告書は、次のようにＪＣＣＣＡの課題を指摘している。

①地域センター向け支援拠点としてのＪＣＣＣＡのビジョン、役割、目標は必ずしも明確化さ

れておらず、地域センターとの共有も十分ではない。

②地域における地球温暖化対策を、より地域住民・企業の具体的な行動に結びつけるため、今後、ＪＣＣＣＡが地域センターを支援する機能をより一層強化することが求められている。

③地球温暖化問題に関する社会的関心の高まりから、地球温暖化問題に関する最新の情報の発信や各種の普及・啓発資料の提供などに関する要望は、ますます高まっており、ＪＣＣＣＡはそれに応える必要がある。

④地域の取り組みに係わる主体間において、ビジョン、役割、取り組みの状況、課題や成功事例を共有するため、コミュニケーションを一層緊密に図るなど、全国規模での取り組みにあたっての連携の推進がますます重要になっている。

⑤自ら課題を克服し、活動内容を改善していくためにも、ＪＣＣＣＡの地域連携に係る役割、活動の目標、成果などについての評価、課題の分析、対策の検討・実施を継続的に行っていくことが求められている。

これまでの10年間で着実に形成されてきたＪＣＣＣＡと地域都道府県センターのネットワーク、地域センター同士と各センターの地域でのネットワークや連携は、大きな財産の蓄積であり、温暖化防止活動推進のための「ソーシャル・キャピタル」（社会資本）であると言える。こうした中で、ＪＣＣＣＡには地域センターの取り組みへの実効ある支援への期待が一層高まっている。

今後のＪＣＣＣＡは、地域センター連絡会との連携を緊密にし、地域センターの実情を把握した上で、具体的な助言や支援を適切に実施することに重点を置くことが期待される。

（7）事業仕分けの問題点

運営委員会は、２００９年11月25日に行政刷新委員会が行った事業仕分けの結果については、納得したわけではないことを申し述べておきたい。事業仕分けでは、ＪＣＣＣＡ及び地域センターが行ってきた地球温暖化防止活動推進センター等基盤形成と温暖化対策「一村一品・知恵の環づくり」のいずれもが、その成果を評価することなく廃止と結論づけられたが、そこに至る議論の中で驚かされたのは、仕分け人の人たちが地球温暖化の危機感について国民はもう認知しているという前提に立っていたことであった。地球温暖化について多くの報道がなされる中で国民の関心が高まってきていることは確かであるが、知識が行動に繋がっておらず、身近にできる対策や効果的な対策であっても国民の実際の行動・活動においては、十分に浸透し持続的に行われているとは言えないのが実態である。

また、「地球規模で考え、足元から行動する」という言葉が示すように草の根からの取り組みは、地球温暖化対策にとって不可欠な要素であるにもかかわらず、温暖化防止の効果が不明確だという理由で廃止とされたが、２００９年12月にコペンハーゲンで開催されたＣＯＰ15のサイドイベントとして行われた日本における一村一品の取り組みの発表は、世界の注目を集めた。

このような内容と意義を有する事業が、浅薄な理解で捨て去られてしまうことは大きな問題である。２０１０年2月13日、14日に開催された「ストップ温暖化一村一品大作戦全国大会」の会場では、「地域ならではの知恵と工夫が凝らされたCO_2削減に繋がる運動は、トップダウンによる法制度、経済制度からは生まれてこない」などと廃止を惜しむ声が多くの参加者から聞かれた。環境税などの取り組みが重視されるあまり、二酸化炭素削減量を定量化しにくいからという理由で普及・啓発の取り組みへの予算配分を怠ることは、草の根からの取り組みの芽を摘み取ることになりかねないことに注意すべきである。

(8) これからのＪＣＣＣＡが目指すべき方向

運営委員会での議論では、「やり残したこと」「できなかったこと」「これからやってほしいこと」に関心が向けられた。最初の２つは、これまでの経緯や評価として各節の中で述べてきたので、ここでは、「これからやってほしいこと」を中心に取り扱いたい。

まず、名称と現実の格差の問題がある。「全国地球温暖化防止活動推進センター」という名称は、あたかも独立した組織として日本全体（あるいは政府全体）の地球温暖化防止活動のセンターであるかのような印象を与えている面がある。しかし、現実には、ＪＣＣＣＡは、あくまで環境省が指定する公益法人に属するものであり、予算面や活動面においては環境省の地球温暖化防止活動のセンターであるという性格が強い。地球温暖化防止活動という日本全体で取り組む国民運動については、関係省庁が全て係わり、政府が一体となって推進するセンターとして機能すべきという意見が、これまで運営委員会においてもしばしば出されてきた。また、家庭や地域の運動だけではなく、事業者や行政部門にも影響力を及ぼせるようなセンターであることが理想である。

事業仕分けの結論には、ＪＣＣＣＡがやってきたものを根本的に見直したいという意思が働いていることが感じられる。新生ＪＣＣＣＡのあり方については、単純にＪＣＣＣＡ設立時の原点に戻って議論を繰り返すのではなく、今日的な状況の下で行われる地球温暖化防止のための活動と、これに係る国や他の機関の役割や法律との関係を考えつつＪＣＣＣＡ本来のあり方を検討して行ってほしい。

次に、新ＪＣＣＣＡの運営委員会においては、産官学民の代表者を構成メンバーとして、我が国の気候政策に関する、そして立場や利害の違いを超えて我が国として乗り越えていかなければならない諸政策課題について、とことん討議を実施し、その結果（合意とは限らず、社会の意見構造の明確化で構わない）を、政策形成のプロセスに届けたり、国民的な議論を喚起していくような活動を期待したい。

気候変動問題に関して、これまでは、各分野のアクターがそれぞれの主張・利害を発信するのみで、本格的な対話の場は成立せず、利害調整と政策設計は専ら官僚組織に委ねられていたのではないか。情報の共有に基づいた社会の構成員間での「本格的な対話」は、なされてきたであろうか。

また、民主党政権下においても、政治主導の下に政策展開が図られているが、熟慮に基づいた民意の反映という点に関しては、ほとんど未成熟の実態にあるといわざるを得ない。それとともに、新ＪＣＣＣＡには、これらの討議の質を高め信頼性を確保していくための情報収集・分析能力、研究機能が求められ、そのための人材の投入が必要不可欠となることを強調したい。

３つ目は、ＪＣＣＣＡの役割に関することである。ＪＣＣＣＡの事業（様々なサービスの提供）の対象は、地域センターなどであり、最初にすべきことは、地域センターのニーズ把握である。地域センターの実態は様々であり、系統的なニーズ把握が不可欠である。一方、生活者に対する直接的な啓発・広報活動等を担うのは地域センターであるが、その地域センターを支援するには、ＪＣＣＣＡ自らも直接的な啓発・広報活動をある程度は経験し続けることが必要である。

また、温暖化やその対策に関する情報提供に対するニーズは高いと思われることから、国の研究所や大学等、公的な機関との連携を図り、温暖化対策に関する情報のハブになることを目指すことが期待される。その際、温暖化対策に関する調査研究のテーマとしては、例えば「見える化」など、国内外で実施、あるいは提案されているいろいろな温暖化対策の効果推定がある。このような調査研究は、ＪＣＣＣＡのスタッフだけでなく、専門家の見識も活用して推進すべきである。

ＪＣＣＣＡの指定の見直しにあたっては、今後必要となる各地域における地球温暖化対策を具体的に推進し、支援するための有効な体制整備が早期に実現することが期待される。その際、ＪＣＣＣＡ及び地域センターの実情を熟知した主体が、その役割を担うことが適切であると考えるが、国はもとより、さまざまな主体が、ＪＣＣＡ及びその運営組織を支援することが不可欠である。

最後に、これまでの10年間で成果の上がった取り組みについては、環境省からの予算の有無にかかわらず、継続していくことを考えてほしい。例えば、全国の知恵を吸い上げ、情報共有する「一村一品」は、1つのすばらしいやり方であり、このような取り組みを継続し、発展させ、広げていくべきと考える。また、ＪＣＣＡがこれまで行ってきた普及・啓発についても継続して行われるべきである。こうした取り組みが可能となるよう、ＪＣＣＡ事業に対する各方面からの支援が必要であるとともに、ＪＣＣＡ自らの努力が前提となることを強調しておきたい。

(9) おわりに

「温室効果ガスの長期的な大幅削減」は、人類の将来の生存基盤に係わる問題であるという側面を有するとともに、我が国はもとより世界の経済社会の針路にも非常に大きな影響（リスク／チャンス）を及ぼす問題である。

温室効果ガスの大幅削減を実現するためには、取り組み主体である社会の構成員の役割を有効に発揮することが重要である。具体的には、これまでの世紀の地球資源・エネルギーへの大量依存の経済社会の構造の変革、さらには人々の価値観や意識の転換が要求される。さらには、このようなことを可能とする革新的な政策措置の導入が要求され、これらのことに関する社会における立場・領域分野を超えた本格的討議・検討と、その結果に基づく社会の強い意志を形成していく努力こそが必要不可欠であり、また、そうした取り組みを推進するための対話の場の開設と方法論の開発・活用が求められる。これからのＪＣＣＣＡに期待されることは、こうした中で存在感のある取り組みを行っていくことである。

私たちが直面する地球温暖化は、世代間にまたがる問題であり、その対策を誤れば、次の世代の子どもたちに実り豊かで、健全な地球を残すことが難しくなることから、次の世代の子どもたちのために実効性のある日本の戦略を考えるべき時に至っている。

地球温暖化対策を推進する社会的要請が高まっている中で、ＪＣＣＣＡがその役割を適切に果たし、次の10年を実り多いものにすることを期待するものである。

●全国地球温暖化防止活動推進センター運営委員●

大沢年一　日本生活協同組合連合会環境事業推進室

大林ミカ　一般社団法人Office Ecologist

影山嘉宏　東京電力株式会社環境部

後藤康宏　宮城県環境生活部環境政策課

小林悦夫　財団法人ひょうご環境創造協会

芝池成人　パナソニック株式会社環境本部
田浦健朗　NPO法人気候ネットワーク
高橋　公　全日本自治団体労働組合政治政策局
高橋康夫　環境省地球環境局地球温暖化対策課
冨田鏡二　東京ガス株式会社環境部
早川光俊　NPO法人地球環境と大気汚染を考える全国市民会議
藤田和芳　大地を守る会
藤村コノヱ　NPO法人環境文明21
丸田　満　日本労働組合総連合会社会政策局
三橋規宏　千葉商科大学政策情報学部
村井保徳　大阪府地球温暖化防止活動推進センター
柳下正治　上智大学大学院地球環境学研究科
（所属は、2010年3月31日現在）

KAIZOSHA

ローカーボン グロウス
生き残りをかけた最後のチャンスに挑む

2011年 2月16日初版発行

編著者……………………三橋規宏

企画 ……………………山村尊房　尾﨑 博

発行人……………………山田一志
発行所……………………株式会社 海象社
郵便番号112-0012
東京都文京区大塚4-51-3-303
電話03-5977-8690　FAX03-5977-8691
http://www.kaizosha.co.jp
振替00170-1-90145

組版……………………[オルタ社会システム研究所]

装丁……………………横本昌子

印刷・製本 ……………シナノ書籍印刷株式会社

ISBN4-907717-08-7　C0033
乱丁・落丁本はお取り替えいたします。定価はカバーに表示してあります。

※この本は、本文には古紙100％の再生紙と大豆油インクを使い、
表紙カバーは環境に配慮したテクノフ加工としました。